上海文化发展基金会图书出版专项基金资助出版

清代服饰制度与传世实物考 女装卷

A study of women's costume systems in the Qing dynasty and material objects handed down

李雨来 李晓君 李晓建　著

东华大学出版社·上海

图书在版编目（CIP）数据

清代服饰制度与传世实物考. 女装卷 / 李雨来，李晓君，

李晓建著 . -- 上海：东华大学出版社，2019.9

ISBN 978-7-5669-1529-0

I. ①清… II. ①李… ②李… ③李… III. ①女服—中

国—清代—图集 IV. ① TS941.742.49-64

中国版本图书馆 CIP 数据核字（2019）第 182014 号

责任编辑：马文娟

装帧设计：肖　雄

清代服饰制度与传世实物考·女装卷
QINGDAI FUSHI ZHIDU YU CHUANSHI SHIWUKAO
NVZHUANGJUAN

著：李雨来　李晓君　李晓建

出　版：东华大学出版社

（上海市延安西路 1882 号，邮政编码：200051）

本社网址：dhupress.dhu.edu.cn

天猫旗舰店：http://dhdx.tmall.com

营销中心：021-62193056　62373056　62379558

印　刷：杭州富春电子印务有限公司

开　本：889mm×1194mm　1/16

印　张：15.5

字　数：546 千字

版　次：2019 年 11 月第 1 版

印　次：2019 年 11 月第 1 次印刷

书　号：ISBN 978-7-5669-1529-0

定　价：398.00 元

李雨来、李玉芳夫妇

作者简介

李雨来

自由职业者，著名收藏家，北京服装学院艺术类硕士研究生校外导师，中华全国工商业联合会古玩商会会员，古典织绣服饰研究会副会长。

作者长期从事中国古代织绣品的收藏和研究工作，历时四十余年，积累了大量清代服饰传世实物，并且对这些实物多有研究心得，对清代服饰的文化内涵有独特的情感和认知。

从 2000 年起，作者陆续将自己的收藏心得和多年的感悟付梓出版。先后在一些学术刊物上发表《藏龙心得》等文章。

2004 年，北京刺绣协会成立，作者接受台湾东森电视台采访，传播和弘扬中国传统服饰文化。

2008 年，参与中央电视台鉴宝节目。

2012 年发表著作《明清绣品》，书中使用了大量从未公开出版过的实物资料，很多理论都是首次发表，以实物为依据提出不同以往的新问题，以实物比对的的方法来分析和阐述观点。由于作者对古代织绣品独特的观念，不同的视角，该书内容丰富，版图精美，文化内涵积蕴深厚，得到古代服饰文化研究领域广泛认可与好评。著名书法家、中国国家博物馆馆长吕章申为本书亲笔题名"明清绣品"。原中国国家文物局局长、北京故宫博物院院长吕济民先生题词"雨来先生存绣品，服装端正，工巧艺精，文明礼仪，蕴宝藏珍"。著名学者，中央工艺美术学院教授黄能馥先生对作者颇为赏识，2003年做书画并题词"龙袍衮服，气宇辉煌，材质珍贵，工技非常。帝制崩溃，遗散四方。李君雨来，奔走购藏，历二十年，收效客观。中华奇珍，与世共赏"。著名鉴赏家，上海东华大学（原中国纺织大学）教授包铭新先生为本书作序，赞誉作者传奇般的收藏经历和鉴赏家的独到见解，肯定本书不同以往同类作品的学术地位和文化价值。该书特色显明，内容丰富，得到业内专家的赞许和肯定，同时也得到市场的认可，2015年《明清绣品》一书售罄，并再版。

2013年完成并出版著作《明清织物》，该书获得上海文化发展基金会图书出版专项基金资助。内容主要包括明清织物的织造工艺、纹样种类、织物品种和名称来源等。著作使用了大量的作者收藏的实物图片，以实物对比的方式，对明清时期的织物进行解读，部分观点与学院派不尽相同，并提出了一些新问题和新概念。

2014年，作为专家，参加北京电视台"天下收藏"节目录制，负责宫廷服装鉴定。

2015年，《明清绣品》再版。

2016年，著作《中国传世名绣品实录研究》获得上海文化发展基金会图书出版专项基金资助。该书以相关实物和资料为基础，附加大量实物比对的方法，图文并茂的解释各地方名绣的风格和特点，从构图、色彩、针法的区别上系统的分析了苏绣、蜀绣、湘绣、粤绣以及京绣、鲁绣、潮州绣的差别，各绣种之间的不同之处。分别解释了每个地区的工艺特点以及流行区域等。对各种知名的地方刺绣做了系统、详细的解读。2017年6月东华大学出版社出版。

2017 年 10 月，在北京服装学院举办"江南三织造：李雨来藏清代宫廷服饰萃珍"专题展以及鉴古织今：清代服饰文化研讨会。活动由北京服装学院艺术与工程学院主办，中国纺织出版社、民进北京服装学院支部及北服创新园协办。展览得到社会各界广泛认可。

2017 年 12 月，在无锡江南大学举办"华裳撷珍——李雨来先生藏清代宫廷服饰展"，获得热烈反响和广泛好评，无锡市副市长慕名参观并高度肯定此次展览的学术价值和社会意义。

2017 年 11 月，为北京服装学院师生开展题为"龙袍主题纹样演变"的专题讲座。

2017 年 12 月，参加北京服装学院学术讲堂活动，开展题为"清朝宫廷女装与汉族女装的区别"的专题讲座。

2018 年 4 月 3 日，应北京服装学院邀请，开展主题为"传统栽绒绣"的专题讲座。之后曾多次在各地参与各种活动。

2018 年 4 月 6 日，受邀参加丝绸苏州 2018 "丝绸艺术新市场"论坛，并发表演讲。

2018 年 4 月，在东华大学纺织服饰博物馆举办"中国传统织绣文化展——李雨来藏品撷珍"。作为 2018 "环东华时尚周"的重要内容，展览获得广泛好评，SMG 上海电视台，新华网等众多媒体进行了报道，引起了传统织绣文化热潮。

2018 年 6 月，接受辽宁相关领导邀请，在辽宁新宾做清代宫廷服饰展。

2018 年 12 月，赴俄罗斯莫斯科参加"丝路影像展"，受到人民日报、新华社、凤凰卫视和俄罗斯电视台等多家媒体报道。

2017 年，完成书稿《清代服饰制度与传世实物考》马未都先生题写序言，2019 年出版。

序

　　早在《后汉书》上就有"锦绣绮纨"的记载，显然这些文字都是织物；到了唐朝，大诗人刘禹锡《酬乐天见贺金紫之什》有"珍重贺诗呈锦绣，愿言归计并园卢"之句，此时，"锦绣"已指美好的事物；再后来，锦绣用途多了起来，锦绣心肠，锦绣山河，锦绣前程，锦绣至此已成为大众口中的向往，喻示一切美好。

　　锦绣自古到今都是中国人的一道亮丽的风景，源于我们是丝的国度。古希腊古罗马人称我们为丝国；甲骨文中已有桑蚕丝帛等字，汉字中，以糸为偏旁的字多达一百多个，湖州钱山漾文化遗址，出土的残绢片和丝织物，证明了中国人使用丝的历史有近五千年了。

　　五千年来，中国人一步一个脚印，扎实的将丝绸技术提高，同时又将丝绸推向世界，形成了著名的丝绸之路。就是这样一个由小小桑蚕吐丝而成的织物，包裹了中国华美绚丽的历史，写下了灿烂文明的篇章。我们的先秦的奢逸，秦汉的诡幻，隋唐的绮丽，宋元的含蓄，明清的瑰奇，伴随着世界文明一同成长。

　　锦，《说文解字》释：襄邑织文也。汉朝襄邑县进贡织文，即染丝织成的文章，此"文章"乃指斑斓的花纹；绣，《说文解字》释：五采备也。郑注：刺者为绣。织为锦，刺为绣，构成古人对锦绣的科学认知。前者古，后者新，这个新也仅是相对而言。

　　锦的历史大大地长于绣的历史，其存在道理也顺理成章，至少在周代织锦技术就已十分完善，前苏联巴泽雷克地区发现的战国时期中国丝绸，就有红绿二色织造的纬锦；新疆民丰尼雅遗址出土的汉代五色织锦，色彩搭配协调，图案井然有序，令人叹为观止。从这点上可以看出两三千年前织锦的成熟。至中古时代隋唐辽宋，尤其宋锦以素雅著称，品种繁多，存世珍品多见，让后人有了直观的感受。加之宋锦多在古籍书画装裱上体现，既表现出文化内涵，又极具富贵之气。

绣品则远迟于锦，锦上添花谓之绣。典或出宋王安石的《即事》：嘉招欲覆杯中渌，丽唱仍添锦上花。黄庭坚的《了了庵颂》亦有：又要涪翁作颂，且图锦上添花。由此可见，至宋"锦上添花"已成为风尚，这一风尚让绣品迅速成熟。

辽宋金元绣品增加，至明清蔚为大观。尤其明清皇家的使用提倡，使得绣品成为皇家著装的标识，龙袍蟒服的君臣等级的形成，让龙袍成为皇帝上朝的礼服，逐步完善成定式，不得僭越；而蟒服最初由明朝皇帝赐服官员，至清放松至王公贵族，乃至最后宽至进入戏曲界，极端美化成为蟒衣戏服。

所有这些，都与我们古老的丝绸文化有关。尤其宋之后丝绸制品逐渐普及至民间，绣衣绣裙到了明清富庶家，凡女红皆以绣活为尚，遇喜庆之日，著秀服即可知女红高低，继而知家境富贫；手艺由此代代传承，文化由此发扬光大。

凡此种种，皆有证物存世。本书作者李雨来先生，数十年如一日，与绣品打交道，从生意起，至收藏终，成就了一门学问。在我所知的并有缘的古物生意者中，雨来先生鹤立鸡群，眼光独特，于生意中有感悟，于感悟中有收获，将自己前半生的经历与阅历反复咀嚼，潜然著书。当他把书稿呈现给我时，用"肃然起敬"已不能表达我的心情；我是真心地觉得雨来先生的不易，不是科班出身，又不具文化的基础训练，全凭个人热情与韧性，将这样一本连专家都望而却步的著作完成，为这个文化崛起的时代提供的第一手资料。

老子在《道德经》中有句名言："见素抱朴，少私寡欲，绝学无忧"。大约一千年后的东晋葛洪，自号抱朴子，著书立说，他的《抱扑子·博喻》中有一句与本书巧合："华衮灿烂，非只色之功；嵩岱之峻，非一篑之积"。这话说得不仅吻合，而且深刻，也是雨来先生成就的写照。

是为序。

前言

回顾自己与织绣品打交道的过程，不觉有点小小的感慨。完全外行且无任何基础的自己，不经意间竟然揣摩了大半辈子的织绣品。从民间荷包到皇帝龙袍，从纹样变化到年代特征，从为养家糊口到体会文化内涵，从纯粹为赚钱而喜欢，到后来甚至有了责任感和使命感，一切都是在不经意间，走过了几十年的历程。回想起来这种不经意是必然的，人在极度贫困的环境下，根本不可能规划自己的生活。

很多人都说要干自己喜欢的工作，笔者觉得对于大多数人并非如此、笔者更甚。年轻时和伙伴们比拼锄、镰、镐、锨技能的时候，如果让笔者选择一百份自己喜欢干的工作，其中肯定不会和织绣沾边。转眼几十年过去了，自己和夫人竟然喜欢并潜心琢磨了几十年的织绣品。也正是这种揣摩和喜欢，致使笔者的收藏品越来越完善，同时欲望也在逐步增加，从想收藏的那天起，便有了日益加重的使命感。

这种感觉来源于时代变革。20 世纪 80 年代中国的改革开放，那时自己还较年轻。东北的枕顶，山西、陕西的马面裙，河南、安徽的帔肩，青藏、内蒙古的龙袍，国外的大小拍卖会和古玩店铺，范围之广，数量之多难以想象。笔者也从未间断过寻访。

长期的喜爱和"贪婪"，不经意间给笔者造就了一个得天独厚的收藏环境。正是因为这种常人很难具备的环境，更觉得自己有义务和责任，把多年的理解和体会记录下来，相信会对织绣文化传承有所帮助。所以，写本书的愿望可谓"蓄谋已久"。

从 20 世纪 90 年代初开始，只要是代表性的的织绣品，就尽量买回来作为标本，也赶上这一时段古玩行业蒸蒸日上，但对于国人为之骄傲的织绣品却少有人关注，检漏的事情几乎每天都有，种类和数量一天天增多，质量一天天提高。宫廷服装、汉人服装、各种饰品以及特点分明的地方织绣，无不具有丰富的文化内涵和地方、时代特色。

在整日身处织绣品的"汪洋大海"的环境下，不经意中形成了收藏的理念。大量的传世实物、多年的经历和体会使得写书的条件已经基本成熟，到2001年开始着手整理图片，同时也开始了更具有挑战性的写书工作。外部条件具备了，但小学都没有念完的笔者，根本不知道如何组织语言文字，甚至每一句话都会有不会写的字。折腾了几个月后，实在没有办法写出来，便又改为学电脑，学汉语拼音（小时候为挖野菜，汉语拼音没学），经过艰苦顽强的努力，加之永不放弃的信念，到2012年出版了笔者的《明清绣品》一书。此书首次把宫廷女装和汉式女装给予了明确划分，如区分开了宫廷氅衣和汉式氅衣，宫廷龙袍和汉式龙袍；提出了把香包分为男香包和女香包等全新概念；把云纹分解为云身、云头、云尾，用于解释年代的演变之一。

2013年完成并出版了《明清织物》一书，把绫、罗、绸、缎，妆花、提花、织锦、缂丝等工艺做了较详细、较系统的分析。

2015年《明清绣品》再版。

在出版社友人的建议下，2016年出版《中国传世名绣品实录研究》。该书以实物为根据，分析论述了四大名绣以及京绣、鲁绣、潮州绣的特点。

大约2014年，基本完成了本书的初稿。

笔者深知这些书虽没有华丽的词句，但相信还是能够给读者一些知识。因为多年的收藏经历使笔者了解织绣爱好者想知道些什么，所以会尽量把笔者的认知介绍给读者，笔者认为，如果总是人云亦云，很难发展进步。

在写作过程中，笔者和夫人是把不同种类、不同风格的织绣品分别堆放，使得所有房间都均匀的摆满一堆堆织绣品，有时连续数日、甚至数月外人都不能入内。笔者整日拿着放大镜分析、比对、揣摩，有时一个理念要经历多日分析，甚至多日的争论而得来。在这种研究环境中总结出一些全新的知识，甚至概念。感觉至少清代织绣的品种、年代划分都差不多了，演变、发展的脉络也基本清晰。

作为织绣品的爱好者、收藏者，每当以业内自称时，总感觉愧疚。千百年来让国人为之骄傲的织绣产业，当查阅相关知识的时候，实际上就连最基本的理念都无法清晰地解释；现代和古代名词、应用场合、薄厚、纹理等，各种概念混淆。很多观念都需有一个统一的名称、统一的观念，过去相同的纹样和款式名称却不同，各种形状的龙纹、云纹叫法不统一，龙袍、吉服之间无法区别等。

刺绣行业更是如此，数不尽的名人、名地绣，数不尽的靓丽头衔。实际上个立山头，百家争鸣，人云亦云，这种现象导致整个织绣行业混乱复杂。所以再次呼吁，专业上的互相交流，名称、概念上的统一认知急待解决。

对于让国人为之骄傲的丝绸服装，先人给我们创造了不朽的荣耀，笔者真的不能拿古人说事，躺在先人的功劳簿上吹嘘了。

为了织绣工艺的发展，再次引用《明清绣品》的一段话，笔者总觉得刺绣工艺就像野花，土生土长却千年不衰，有极强的生命力，非常美丽却疏于管理，缺乏应有的交流和统一的管理，处于一种百花争艳，自以为是的状态，各种形式的展览多如牛毛，实质性的研讨、交流很少。

体会度日的感受，人生如此漫长，但是当年过花甲，回首度过的日月，却是匆匆的一瞬。与此同时，对于收藏也失去了原有的热情，几十年的狂热开始逐渐降温，但看着自己多年的收藏成果、种类、数量、价值，都是当初难以预料的，不免沾沾自喜。只要有时间，几乎每天有事没事都会到库房里转悠数次，看看这件，摸摸那件，喜爱之情溢于言表。

目 录

第一章

概论

清代宫廷女装款式比男装款式相对多，纹样更细化，每一款又分三式或二式。种类上比男装多了朝褂、衬衣、氅衣等。纹样变化也更复杂，有的同一名称纹样却不同，也有同一款式而名称不同，等等。构图的变化主要是袍褂为八团的形式（八团龙或八团花卉）。笔者尽量以实物比对、分析的方式来解析。

女装款式的主要特点是在男装的基础上，袖子中间添加了约 12 厘米宽的石青色带有织绣纹样的绸缎，通常叫接袖。纹样多数和通身纹样相同。如果通身是龙纹接袖也是龙纹，是花卉纹接袖也是花卉纹（图 1-1、图 1-2）。

图 1-1 女龙袍接袖马蹄袖

图 1-2 女八团袍接袖马蹄袖

另外，由于清代有"男从女不从"的制度，汉族命妇的多种服装款式、纹样和宫廷满蒙族有区别，如汉式女龙袍、霞帔等，由于汉族人数众多，这一点不容忽视（图 1-3）。

汉族命妇穿用的女蟒大体沿袭明代款式，圆领、大襟、宽袖，身长 110 厘米左右，无拖领马蹄袖，一般穿着时外罩霞帔，下配马面裙。裙子的马面织绣有龙凤或花卉纹，可以露在正面挡住脚，尺寸一般要比两脚长很多，因为清代女性的脚是不能外露的（图 1-4）。

一、名称

清代皇室女眷各个级别的名称很多，在服装规章上大体分后妃、福晋、夫人三个级别。

第一级别包括皇后、皇太后、皇贵妃、妃、嫔等。

第二级别包括皇子福晋、世子福晋、亲王福晋、郡王福晋等。

第三级别包括从贝勒至各级品官的夫人，如贝勒夫人、民公夫人，以及各级命妇等。

图 1-3 红色缂丝宫廷女龙袍

衣长 141 厘米，通袖长 180 厘米，下摆宽 110 厘米

图 1-4 汉式女龙袍（女蟒）

衣长 110 厘米，通袖长 182 厘米，下摆宽 112 厘米

外皇族内各种类别的亲属，如县主、额驸等，如果没有其他官职，一般根据和皇帝的关系，对应相应的其他级别的命妇。

二、款式

清代的宫廷女装种类和款式繁多，典章中规定的宫廷女装，主要有朝褂、朝袍、龙袍、龙褂四种类型（图1-5）。

图 1-5 孝庄文皇后朝服像 佚名
（北京故宫博物院藏）

其中后、妃、福晋到县主级别的款式较多。

朝袍：冬二式、夏三式。

朝：三式。

龙袍：三式。

龙褂：八团龙纹，应用于妃、嫔，根据品级高低，其中有正龙、行龙、夔龙之分，名称上叫做龙褂。

吉服褂：根据品级，也分四团、两团。正龙、行龙用于福晋、夫人等。名称上叫做吉服褂。镇国公夫人以下用八团花卉纹，名称上也叫做吉服褂。

以下的各品级的服装相对简单，除朝袍分冬、夏两式，其余皆列一式。

清代女装难以梳理的另一个原因是服装和穿着者难以一一对应。一方面，同一种服装可以跨越两级穿用，也可以跨越多个级别。不同种类的服装，重叠部分亦不相同。例如，皇子福晋和县主穿同一种朝袍，但是不能穿同一种龙褂（因为龙褂、吉服褂是体现每个品级的必备服装，不能越级穿用）。另一方面，名称不同，但款式纹样皆同。如皇后穿叫龙袍，福晋穿就要叫蟒袍。由于上述原因，要把清代宫廷服装解释清楚，确实有一定难度。笔者只能尽力把每个款式都以实物照片和文字的方式做一介绍，使读者对宫廷女装有一个直观的认识。

三、 色彩

（1）清朝的皇太后、皇后、皇贵妃用明黄。

（2）皇太子妃用杏黄。

（3）嫔，皇子、亲王、郡王福晋下到县主用香色。

（4）以下各级别穿用黄色以外的颜色（除赏赐外）。

四、 称呼及关系

格格、公主、郡主之间如果关系好，可以直接叫名字。公主之间叫皇姐、皇妹。郡主、格格相对于公主来说地位稍微低一点，在她们之间互相称呼几姐、几妹。郡主、格格称呼公主为公主。

皇室是皇帝的家族，是宗室的一部分。清朝是满洲贵族的政权，皇室成员称呼有些与历代相同，例如帝王之妻称皇后或后，帝王母亲称皇太后等。但由于使用满语和其他原因，有些称呼用词与历代有些不同。

罗列如下：

皇阿玛：皇父。

皇贵太妃：对皇帝之祖遗留下的妃、嫔的称呼。

皇太妃：对皇帝之父遗留下的妃、嫔的称呼。

阿哥：对皇子的称呼。

固伦公主：固伦公主用以称呼皇帝的女儿（满语中固伦是国的意思）。

和硕公主：和硕公主为妃、嫔生的女儿和皇后抚养的宗女（满语中和硕是一方的意思）。

县主：对郡王女儿的称呼。

郡君：对贝勒女儿的称呼。

县君：对贝子女儿的称呼。

乡君：对镇国公、辅国公女儿的称呼。

格格：对亲王、辅国公的女儿的满语称呼。

亲王女儿称和硕格格、郡王、贝勒女儿称多罗格格，贝子女儿称固伦格格，镇国公与辅国公的女儿就称格格。

福晋：对亲王、郡王和世子正妻的称呼。

固伦额驸：固伦公主的丈夫。

和硕额驸：和硕公主的丈夫。

第二章

女朝袍

清代女朝袍和朝褂是传世数量最少的种类之一，多年来国内外的各种相关交易场合所能见到的传世实物寥寥无几，原因应该和使用人群小、用量少有关。这种高级别的女朝褂和朝袍，整个清代王朝没有多少人有资格穿用，加上当时的封建制度中规定女性不能参政议政，所以数量少应为正常现象。

朝袍是庆典等礼仪场合穿用的服装，在穿用场合上属于礼服。清代宫廷女性有明确的阶层区分，不同的级别穿用不同的色彩、纹样和款式，具体区别如下。

（1）后、妃、福晋等女眷的朝服分冬三种款式、夏二种款式。

冬女朝袍一式款式大体近似龙袍，但是两肩各多了一片月牙形、石青色的飞肩，每片上绣一条正龙纹。空白处加云纹、八宝、福寿等吉祥纹样，没有襞积，下摆有海水江牙纹。冬用毛皮，夏用片金镶边。前后各有品字形排列的龙纹三条，两肩各一条，再加底襟一条共九条龙纹，空白处填云纹、八宝、福寿等吉祥纹样。

冬女朝袍二式为上衣下裳的裙式，款式和纹样近似男朝袍。上衣是柿蒂龙，腰间前后各两条相对的小行龙，底襟一条行龙，共五条行龙。下裳前后各四条，加底襟一条共九条行龙。比较男袍，多了飞肩和接袖龙。

冬女朝袍三式后边有开裾，其他款式纹样都与冬一式相同。

夏女朝袍一式款式与冬女朝袍二式相同，只是不加毛皮。

夏女朝袍二式款式与冬女朝袍一式相同，不加毛皮。

（2）三品命妇以上的纹样和款式基本相同，但按照典章，色彩、龙爪有区别。

（3）四品以下的命妇朝袍在纹样上差距较大，前后各有两条很大的行龙，通身一共有五条龙，款式没有区别。

清典章规定，冬朝袍所用毛皮，冬一式用貂皮，冬二式用海龙皮加片金镶边。夏朝袍镶片金边。

皇后、皇太后、皇贵妃、妃、嫔到县主等，分别穿用明黄、杏黄、金黄、香黄等不同的黄色。

贝勒夫人、贝子夫人、民公夫人、奉国将军夫人，到三品命妇，颜色用蓝或石青诸色随用。朝袍的款式、纹样，接袖、马蹄袖、飞肩等与后、妃相同。

每种款式穿用的时间分别为：

（1）冬朝袍一，十一月初至上元（正月十五元宵节）。

（2）冬朝服二，九月十五日或二十五日开始。

（3）夏朝服，三月十五日或二十五日开始。

一、皇室朝袍的款式及色彩

据《清会典图》卷五九记载：

1. 皇太后、皇后

色用明黄，共分五个类别，其中有冬三式、夏二式。

（1）冬朝袍一，明黄色，披领及袖用石青，片金加貂镶边，肩上下袭处亦加边，金龙九，间以五色云，中无，下幅八宝平水。披领行龙二，袖端正龙各一，相接处行龙各二，皇贵妃同。

（2）冬朝袍二，片金加海龙缘，前后正龙各一，两肩行龙各一，腰围行龙四，中有襞积，下幅行龙八，皇贵妃同。

（3）冬朝袍三，明黄色，片金加海龙缘，中无襞积，裾后开，余制如冬朝袍一。

（4）夏朝袍一，款式和冬二式相同，明黄色，片金缘，中有襞积，缎纱单随意，皇贵妃同。

（5）夏朝袍二款式和冬一式相同，明黄色片金缘，裾后开，中无襞积，缎纱单随意。

2. 皇太子妃

色用杏黄，共分四个类别，其中有冬天三式、夏一式。

（1）冬朝袍一，杏黄，紫貂镶边，中无襞积，领后垂明黄绦。

（2）冬朝袍二，杏黄，片金加海龙边，中有襞积。

（3）冬朝袍三，杏黄，片金加海龙边，中无襞积，后开裾。

（4）夏朝袍，杏黄，片金缘。

3. 妃、嫔、皇子、亲王、郡王福晋以下到县主

色用香色，共分四个类别，其中有冬天三式、夏一式。

（1）冬朝袍一，香色，片金加貂缘，无襞积。

（2）冬朝袍二，香色，片金加海龙缘，中有襞积。

（3）冬朝袍三，香色，片金加海龙缘，中无襞积。

（4）夏朝袍一，香色，片金缘，中有襞积。

冬女朝袍一式传世数量少，几十年来，无论是国内外的古玩市场，还是世界上的各种中国古玩艺术品拍卖会上，很少见到冬一、二式朝袍。为了让读者有更直观的印象，本朝袍是转载故宫刊物上的图片（图2-1）。朝袍接袖纹样是云纹（应为行龙纹），明显不符合典章规定，上面的正龙有很严重的镶边遮盖。这种现象在故宫发表的宫廷早期服装里较为常见，说明清代宫廷服装在管理上并不十分严格。

图 2-1 明黄色女冬一式朝袍（故宫藏品）

　　皇太后到皇太子妃的冬二式朝袍，织绣纹样、款式和男朝袍近似，只是多加了两个飞肩和接袖（图 2-2）。前后两条正龙，两肩分别有一条行龙，腰帷前后各有两条小行龙，中间有襞积。下裳前后八条行龙，用海龙皮镶边。女二式朝袍传世极少，笔者多年在书籍文献、博物馆、收藏家、各种拍卖等交易市场的寻觅中都未见到过原实物，北京故宫应该有，但未见发表的图片。

　　皇后、皇太后、皇贵妃冬一式朝袍用明黄色，大体结构和龙袍近似。此朝袍的领袖部分基本没有片金边遮盖图案现象，说明朝袍的图案、尺寸在制作前已经设计好。清乾隆以后多数宫廷服装都是先把纹样、色彩设计好，然后在命官的监管下织绣。

　　根据多年的调查和史料证明，上述现象只限于皇室，而地方命官的工作服装需要自己购买。包括朝服、官服、龙袍等，朝廷对地方官员不发放任何服装，就连赏赐大多时候也是允许穿用的意思，并不一定是给予，这也是清代官服在典章上有明确的规定，而具体执行上面比较混乱的主要因素（图 2-3）。

　　图 2-4 所示朝服的妆花工艺精细，构图、色彩协调规范，金龙纹较为流畅。延续较长的单尾彩云，平水较高而立水较短，年代应在乾隆中晚期。由于这种金黄和杏黄颜色很难准确界定，具体的款式又没有差别，对于社会上流传的龙袍来说，要确定是什么人穿只是一种推断，但这种颜色和款式能肯定是宫廷女朝服一式，亦可参见北京故宫博物院藏品（图 2-5）。

图 2-2 黄色妆花缎女冬二式朝袍（清早期）

图 2-3 明黄色缎地彩绣金龙纹女夏朝袍
衣长 140 厘米，通袖长 196 厘米，下摆 112 厘米

图 2-4 明黄色妆花缎女朝袍（清早期）
身长 142 厘米，通袖长 195 厘米，下摆宽 119 厘米

图 2-5 黄色妆花缎女冬一式朝袍
（北京故宫博物院藏）

　　皇太子妃一式夏朝袍用杏黄色，款式和皇太后相同（图 2-6）。清代典章明确规定皇太子和皇太子妃使用杏黄色，但是很多历史资料证明清康雍以后不立太子，所以传世实物很少。具体到杏黄也难以准确定位，一些资料上也如此，同称为一种色彩，差别却很大。所以对杏黄的定位一般也只是在明黄和红色之间，无法确定色彩的准确性（图 2-7、图 2-8）。

图 2-6 黄色彩绣女夏朝袍（清中期）
身长 140 厘米，通袖长 196 厘米，下摆宽 110 厘米

图 2-7 黄色妆花缎女夏朝袍（清中早期）
身长 137 厘米，通袖长 186 厘米，下摆宽 113 厘米

图 2-8 黄色妆花缎女夏朝袍
身长 137 厘米，通袖长 186 厘米，下摆宽 113 厘米

二、贝勒夫人以下至三品命妇朝袍的款式及色彩

贝勒夫人、贝子夫人、民公夫人、奉国将军夫人到三品命妇，朝袍用蓝或石青等诸色随用，款式和其他女朝袍相同，接袖与朝袍连接处有两条小行蟒，左右肩膀处分别绣有正蟒，飞肩下摆绣山水纹。

1. 贝勒夫人冬朝袍一

本朝定制，贝勒夫人冬朝袍色不得用金黄，余随所用，披领及裳具表以紫貂，袖端熏貂，通绣蟒纹，制如亲王，下至辅国公夫人、乡君同。

2. 贝勒夫人夏朝袍

片金边，其他如冬朝袍，下至辅国公夫人、乡君同。

3. 民公夫人冬朝袍

黄色以外诸色随用，片金加海龙边，下至三品命妇、奉国将军夫人皆同。

4. 民公夫人夏朝袍

片金边，制如冬袍，下至三品命妇、奉国将军夫人皆同。

女朝袍在龙纹、云纹以及山水纹样和款式上，都和龙袍没有根本上的差别，比如有的故宫旧藏的女朝袍，前襟的正龙、飞肩用镶边严重遮盖，其他方面除了镶边以外和龙袍没有区别，深度怀疑只是把女龙袍的坯料添加上紫貂及金边，再加上飞肩而为。

图 2-9 和图 2-10 所示朝服的妆花工艺精细、构图、色彩协调规范，金龙纹较为流畅，块状单尾彩云，整体构图、色彩等华丽协调，年代应为乾隆时期。加上女朝袍传世较少，是很珍贵的传世实物资料。

(a) 正面

(b) 背面

图 2-9 红色妆花缎女朝袍

身长 140 厘米，通袖长 190 厘米，下摆宽 116 厘米

图 2-10 红色妆花缎女朝袍（清早期）

身长 139 厘米，通袖长 187 厘米，下摆宽 112 厘米

女朝袍传世很少，书中几件女朝袍多数是 20 世纪 90 年代在一个倒闭的国营收购单位一次性买到的，除此以外，还有很多裙子、氅衣等汉族女人穿用的刺绣品。当时笔者也不知道是女朝袍，觉得只是龙袍而已，部分因为年代较早，衬里、袖端有些残破（图 2-11～图 2-13）。

肥短大的大云头，穿插少量同样肥短的单云尾，笔者把这种形状叫做块状云朵，根据龙纹及山水纹样综合分析，年代应该是雍正及乾隆早期。在清早期的妆花龙袍中，这是传世最多的种类之一，它们的妆花工艺以及色彩，甚至云龙纹的分布都大同小异，说明是当时较为成功的设计，产品较多（图 2-14）。

清代女朝袍也有四爪和五爪的区别，名称上有蟒和龙的划分。但是云纹和山水等纹样没有具体的要求，导致了云和山水纹样的变化明显。每个时期的变化速度也相对快，而这种变化为年代的划分提供了很好的依据。所以在判断年代时除了看龙纹的变化以外，更要注意云纹、山水纹样的变化规律（图 2-15）。

图 2-11 红色妆花缎女朝袍（清早期）
身长 140 厘米，通袖长 190 厘米，下摆宽 120 厘米

图 2-12 红色妆花缎女朝袍（清早期）
身长 141 厘米，通袖长 186 厘米，下摆宽 115 厘米

图 2-13 咖啡色刺绣女朝袍（清晚期）
身长 140 厘米，通袖长 186 厘米，下摆宽 118 厘米

图 2-14 红色妆花缎女朝袍
身长 140 厘米，通袖长 186 厘米，下摆宽 117 厘米

图 2-15 红色妆花缎女朝袍（清早期）
身长 141 厘米，通袖长 188 厘米，下摆宽 114 厘米

三、四至七品命妇朝袍的款式及色彩

四品命妇朝袍，除赏赐外，黄色以外诸色随用，披领及袖俱石青，片金缘。绣纹前后行蟒各二，中无襞积，下至七品命妇皆同。

在清代典章规定的制服中，低品级女朝袍的传世非常罕见，而且在其他低品级朝廷命妇的服装中也存在这种现象。在穿用人群上，级别降低、人数比例会成倍增加。那为什么传世实物反而会少见呢？这应该和当时的社会环境有关，那时的封建礼教，女性大门不出、二门不迈，参与社会活动基本只限于家族内，低品级命妇出席官方正式场合的机会很少，所以相应的正式服装少在情理之内。

图 2-16 所示朝袍，除了接袖和马蹄袖外，全身只有四条龙纹，应是四品以下命妇穿的朝袍，传世很少。无论在国内外的拍卖会上和社会流传当中，还是在历史资料里都鲜见这种款式的朝袍。根据龙纹、云纹等纹样和色彩，这件朝袍的年代应在嘉庆时期，刺绣工艺精细，除了龙纹以外，还有大朵的牡丹花，具有明显的女性龙袍的特征。

图 2-16 淡青色刺绣四品以下女朝袍（清中期）
身长 136 厘米，通袖长 185 厘米，下摆宽 118 厘米

第三章

女龙袍

清代不同级别官员的吉服均饰有龙纹图案，但是在色彩、名称和纹样形制的应用上有区别，如黄色、龙、蟒、四品、七品等。

女龙袍的款式、纹样和男龙袍的区别不大，明显的区别就是和龙袍间的左右接袖分别添加了两条小行龙（图3-1～图3-3）。其次，男龙袍是前后开裾，而女龙袍是左右开裾（部分皇室女眷四开裾），晚期的部分女龙袍的马蹄袖比男龙袍大。

在清代典章里，官职级别不同，对于龙袍的颜色、款式、纹样都有具体要求。根据历史图片等资料分析，正式场合龙袍外还需套褂。和男龙袍相同，女龙袍同样有免褂期（每年的暑伏天），这一时段龙袍多数是穿在外面的，其他时间外面要根据场合穿相应的外褂，所以大部分时间龙袍都是在里面穿用的。具体就是里面穿龙袍等，外面则根据场合、风俗习惯等，套穿各种相应的褂（如朝褂、龙褂、吉服褂）。

整体看，早期女龙袍接袖部分或有或无，行龙也呈飞行姿态，并且没有接袖部分。行龙直接和马蹄袖相连接，到中晚期几乎所有满族女性的袍褂都有使用接袖的习俗，具体是用带有纹样的绸缎把袖子分成两段。一般龙袍袖接用龙纹，花卉袍用花卉纹样。

因为清代在服装上有"男从女不从"的规章，汉族女装和满族女装有很大差别。汉族女性穿短款龙袍，身长约110厘米，宽袖或平直袖、下身穿裙子。

图3-1 早期女龙袍接袖龙纹

图3-2 中晚期女龙袍接袖龙纹

图3-3 男龙袍接袖

一、女一式龙袍

图 3-4 所示典章规定，皇太后、皇后龙袍一式色用明黄，领袖用石青，绣纹金龙九。间以五色云，福寿文采惟宜，下幅八宝立水，领前后正龙各一，左右及交襟处行龙各一。袖如朝袍，裾左右开，棉夹纱裘各惟其时（中晚期多数袖端接袖处各有两条小行龙）。

妃、嫔、皇子福晋、亲王、郡王福晋、以下到县主，龙袍用香色。但根据传世实物，香色很难界定，说明有这个级别，具体到色彩的使用是比较宽泛的。

在名称上，以上级别叫龙袍，从贝勒及其夫人开始，到以下各级文武百官，同样款式和纹样，却应该叫做蟒袍。

从民公开始，以下官员夫人的蟒纹改为四爪，具体如下：

1. 贝勒夫人

除赏赐外，黄色以外诸色随所用，九蟒五爪，下至辅国公夫人、乡君夫人皆同。

2. 民公夫人

除赏赐外，黄色以外诸色随所用，九蟒皆四爪，下至三品命妇、奉国将军夫人同。

3. 四品命妇

除赏赐外，黄色以外诸色随所用，八蟒皆四爪，奉恩将军夫人，五、六品命妇皆同。

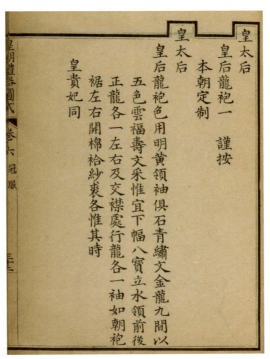

图 3-4 《皇朝礼器图式》·卷六，清 允禄、蒋溥等纂修
乾隆二十四年（1759 年）武英殿刊本
（维多利亚与阿尔伯特博物馆藏）

4. 七品命妇

除赏赐外，黄色以外诸色随所用，五蟒皆四爪。清代宫廷女龙袍分为三式：

一式除了添加接袖龙和左右开襟以外，款式和纹样与男龙袍基本相同。

二式主体图案为八团龙纹的方式，整体款式与一式相同。

三式和二式龙袍的款式、图案相同，但下摆没有江水海牙。

（一）皇室

皇室女眷龙袍均为黄色，按级别分为明黄、杏黄、金黄和香色。按典章女眷不列章纹，但是到清晚期慈禧曾穿用过列有章纹的龙袍、龙褂。

据《三织造缴回档》记载，清光绪十年，江南三织造奉旨给慈禧、光绪的龙袍、龙褂写道："上用，绣明黄缎五彩十二章立水金龙袍面四件，系官样挖杭加金寿字。绣石青缎五彩十二章八团金龙立水褂面四件，加金寿字。"详见紫禁城出版社 2004 年出版的《清代宫廷服饰》第 193 页。图 3-5 所示龙袍正龙纹比例明显比一般龙袍较大，龙身翻转灵活自然，较小的云头，陪衬细长的云身和单云尾，下摆翻腾凶猛的平水，整体泛绿色，刺绣工艺精细，整个龙袍充满动感，是清代早期龙袍中具有代表性的精品。

图 3-5 明黄色五彩绣女龙袍（乾隆）
身长 141 厘米，通袖长 192 厘米，下摆宽 119 厘米

这件龙袍来自我国西藏拉萨,是 20 世纪 90 年代初买到的,卖家是在拉萨做古玩生意的甘肃马姓兄弟。当时卖家开价一万元,因为笔者过于激动,花了一万两千元才买下。确实太喜欢了,不夸张的说,笔者看见这件龙袍时,是呼吸急促、浑身颤抖的状态。幸亏笔者与卖家已经认识几年了,有过无数次的交易,已经是很好的合作伙伴,否则肯定买不到手了。记得回家以后,一连看了无数次,好几天都处于亢奋状态。这件龙袍上不规则延伸很长的云纹,没有云尾,很短的立水,比较厚的多层平水。龙纹眉毛向下、行龙纹头尾呈 45°角面向中间的形状,眼睛小而鼓,这种构图方式是乾隆晚期的特征。在清代刺绣龙袍中,这种构图形式数量较少,流行时间也较短(图 3-6)。

图 3-6 黄色缎地彩绣女龙袍(清中期)
身长 140 厘米,通袖长 201 厘米,下摆宽 123 厘米

图 3-7 所示女龙袍绣有十二章纹,同时也有接袖龙。按照典章中规定,带有接袖龙应该是女性穿用,一般不会有十二章,但是在清代晚期的宫廷女性龙袍和龙褂中,确实有添加章纹的现象,多数加四个章纹。据紫禁城出版社2004 年出版的《清代宫廷服饰》第 103 页图文描述,慈禧曾穿过十二章纹龙袍(图3-7),而图 3-8 则是较为典型的女龙袍。

图 3-7 黄色万字地女龙袍（清晚期，北京故宫博物院藏）
身长 138 厘米，通袖长 187 厘米，下摆宽 116 厘米

图 3-8 明黄色彩绣金龙纹女龙袍（清中晚期）
身长 138 厘米，通袖长 197 厘米，下摆宽 116 厘米

图 3-9 所示女龙袍为 2009 年纽约佳士得春季拍卖会所得。这款女龙袍用的是杏黄色，整体工艺精细规范，带有接袖和较大的马蹄袖，应是皇太子妃穿的龙袍，但是此龙袍有日、月、星辰、黻、黼五个章纹。这种添加章纹的现象并不是个例，在清代晚期的传世品中，同一时期的八团女龙褂也有这种添加章纹的现象。笔者曾经见到过三件添加章纹的龙袍和几件龙褂（其中一件残破），年代在咸丰、同治时期，对龙袍有所研究的英国人 Linda 在她的书中也说过此事，老图片中的慈禧皇太后也穿过带有章纹的龙袍。按记载这应该不符合清代规章，但是根据《三织造缴回档》记载："光绪十年，赏亲王用，绣杏黄缎四章金龙蟒袍面六件，绣石青缎四正龙褂面六件，绣杏黄江绸四章金龙蟒袍面六件，绣石青江绸四正龙褂面六件，杏黄缂丝四章金龙蟒袍面六件，石青缂丝四正龙褂面六件。赏福晋用，绣杏黄缎四章金龙官样挖杭蟒袍面六件，石青缎八团金龙有水褂六件，绣杏黄江绸四章金龙官样挖杭蟒袍面六件。"这说明清代晚期的规章有所懈怠或变动，详见紫禁城出版社 2004 年出版的《清代宫廷服饰》第 193、194 页。

图 3-9 杏黄色绸地刺绣女龙袍（清晚期）
身长 135 厘米，通袖长 196 厘米，下摆宽 108 厘米

清代宫廷服装多数款式可以通用，但由于不同地位，对于纹样、色彩的变化要求也不同，明黄、杏黄、金黄三种黄色只有皇帝的直系亲属们可以使用，其他人除了赏赐外不能穿用黄色，图 3-10 所示龙袍的颜色就是典型的明黄色。龙纹整体比例较小，下摆上的龙纹呈站立状态，有人把这种龙纹叫做丑面龙，多用在女龙袍上。因为清代只对正龙、行龙和团龙以及龙的数量和爪有规定，而正龙、行龙是指龙头的变化，对龙纹身体的形状和神态没有相应的规章。所以应该只是一种艺术形式的变化，这种形式的龙纹流行年代较短，一般在道光和咸丰时期（图 3-11）。

图 3-10 明黄色缎地五彩绣女龙袍（清中晚期）
身长 135 厘米，通袖长 184 厘米，下摆宽 106 厘米

　　因为男女龙袍款式相同，男龙袍没有接袖，前后开裾。女龙袍有接袖，左右开裾。所以除了开裾的形制以外，有没有接袖龙是区别男、女龙袍的重要依据（图 3-12）。

图 3-11 黄色缎地刺绣女龙袍（清中晚期）

身长 136 厘米，通袖长 189 厘米，下摆宽 118 厘米

图 3-12 黄色缎地刺绣女龙袍（清晚期）

身长 141 厘米，通袖长 198 厘米，下摆宽 116 厘米

据《皇朝礼器图式》等典籍记载，妃、嫔、皇子福晋，蟒袍用香色，通绣九龙，下至郡王福晋、县主皆同。

实际中，颜色的区分差别很大，什么颜色是香色，没有办法做准确的解释，根据明黄、杏黄、金黄的顺序，加上一些历史资料和实物的比对，笔者个人理解它是黄和蓝的中间色，经试验近似浅咖啡色。

从明黄到香黄，看起来分了很多级别，但整个清代除了几位开国功臣被封王以外，也只有不多的几个皇帝的直系家族人受封为王，总共加起来也没多少人，相对于全国各级官员，所占比例很小，所以黄色龙袍传世较少（图3-13）。

图 3-13 黄色缎地缂丝女龙袍（清晚期）
身长 139 厘米，通袖长 188 厘米，下摆宽 119 厘米

图 3-14 所示龙袍龙纹为刺绣工艺。绝大多数龙袍的龙纹使用平金工艺，典章规定也称为五彩金龙，但在传世龙袍中确实有少量用三蓝刺绣工艺，业内也有人解释为参加殡葬典礼时穿用，笔者认为也不尽然，因为蓝色龙纹基本都应用在金地缂丝和黄地的龙袍上，更多的应该是调和美观需要。

图 3-15 和图 3-16 所示龙袍刺绣工艺精细规范，胸围和下摆都很宽大，年代应是清代晚期。一般早期的龙袍下摆宽，胸围比较窄小。就整体而言，女龙袍要比男龙袍宽大。大约在道光、咸丰时期，部分龙袍的立水中带有花卉纹，包括男龙袍、女八团袍都有这种现象。查阅史料，应该没有特殊的含义，只是当时的一种时尚风格而已。

图 3-14 香黄色绸地刺绣女龙袍（清晚期）
身长 136 厘米，通袖长 180 厘米，下摆宽 112 厘米

图 3-15 黄色刺绣女龙袍（清中晚期）
身长 138 厘米，通袖长 197 厘米，下摆宽 120 厘米

图 3-16 香色缎地刺绣女龙袍（清中晚期）
身长 136 厘米，通袖长 180 厘米，下摆宽 112 厘米

（二）福晋、夫人

根据典章规定，贝勒夫人及以下命妇龙袍、不能穿用黄色，其他颜色随所用，但后、妃可以穿用任何颜色，所以其他颜色的龙袍也有可能是后、妃所用。

图 3-17 所示应该是清早期的女龙袍，年代也应早于《皇朝礼器图式》等典章，如袖端马蹄袖连接处各有两条行龙，有可能后来演变成女龙袍的接袖龙纹。早期的汉式女龙袍袖端也有同样现象，但因为没有资料参考，所以不能确定，笔者认为此款龙袍应该是清早期的女龙袍。

图 3-18 所示龙袍采用平直袖的方式，接袖、马蹄袖明显宽大，与清早期的形制差异明显（图 3-19）。这种款式清代晚期偶有发现，大多数宽马蹄袖应用在八团花卉袍上，龙袍上用的相对较少。在笔者接触的龙袍中，淡青色的大约都是道光、咸丰时期的，应该只有这一时期的龙袍使用过淡青地色，其他时期极少使用。蓝色的龙袍传世数量最多，其次是咖啡色，还有紫色、红色、黄色，数量最少的是淡青色。

图 3-17 红色妆花绸云龙纹袍 （清早期）
身长 142 厘米，通袖长 200 厘米，下摆宽 121 厘米

图 3-18 淡青色缎地刺绣女龙袍（清中晚期）
身长 138 厘米，通袖长 189 厘米，下摆宽 120 厘米，马蹄袖宽 26 厘米

图 3-19 红色妆花缎女龙袍（清早期）
身长 139 厘米，通袖长 196 厘米，下摆宽 118 厘米

图 3-20 为纳纱女龙袍，其龙纹用的金线是黑颜色，这种现象并不是金线变质导致，而是故意而为。在清代服饰实物中，龙头用黑色龙身用黄色的龙袍比较常见，整个龙纹都用黑色非常少见。

图 3-20 淡绿色纳纱绣女龙袍（清中晚期）
身长 138 厘米，通袖长 182 厘米，下摆宽 116 厘米

纱面料服装是夏天穿用的，纹样的形成概括起来有纳纱、绣纱、织纱三种（图 3-21）。

清代宫廷服装分冬一、冬二、夏三个季节，每个季节的服装都会根据气候的变化而不同。具体时间是：

　　冬一，十一月初至上元。

　　冬二，九月十五日或二十五日开始。

　　夏，三月十五日或二十五日开始。

(a) 正面

(b) 背面

图 3-21 杏色纳纱女龙袍

图 3-22 所示龙袍根据龙纹、云纹、山水纹综合起来看，年代应该是嘉庆早期。彩云头加单云尾的结合一般在乾隆晚期到嘉庆早期。所谓彩云头，就是在三蓝云纹的基础上，部分云头用红色，而云身、云尾仍是三蓝色，这种色彩搭配的方式从明末清初就有应用。最初是云头的一部分，后来逐步发展成整个云头用彩色，约在道光时期发展到顶峰，往后越来越少，咸丰以后彩云头基本消失。

中晚期云纹变化。嘉庆中期到道光时期，有彩云头，但没有云尾。咸丰到同治、光绪时期，彩云头基本消失。

光绪晚期也有带云尾的龙袍，但没有彩云头。

图 3-23 所示纳纱龙袍的工艺精细、规范，色彩华丽饱满，龙袍下摆用多层山水、花卉和蝙蝠等纹样，没有立水。这种没有立水的龙袍流行时间很短，大约都在嘉庆道光时期，传世数量也比较少。

图 3-24 所示龙袍品相和工艺极佳，历经一百多年，保存如此完美很难得。在所有颜色中，红色是最容易褪色的色系，特别是在强光条件下，用不了多长时间就会明显变浅。所以若要长期保存，需尽量减少强光照射的机会。

图 3-22 棕红色刺绣女龙袍（清中晚期）
身长 139 厘米，通袖长 187 厘米，下摆宽 122 厘米

图 3-23 蓝色纳纱五彩绣女龙袍（清中晚期）
身长 134 厘米，通袖长 184 厘米，下摆宽 108 厘米

图 3-24 红色缂丝女龙袍（清晚期）
身长 139 厘米，通袖长 188 厘米，下摆宽 115 厘米

图 3-25 所示龙袍的接袖龙、马蹄袖比一般龙袍的宽大，是典型的清代晚期宫廷女士穿用的龙袍。云纹、蝙蝠纹等各种图案整齐、规范，所有的龙纹都是用黄色丝线刺绣而成。这种工艺出现在光绪以后，红色一般在结婚等喜庆场合穿用的较多。

红色的蝙蝠是鸿福的含义，刺绣龙袍里用蝙蝠的图案从明末清初期开始，以后逐步增多（图 3-26）。约到嘉庆道光时期发展到顶峰，一直到民国，很多绣品里都能见到蝙蝠的题材。乾隆以前的蝙蝠多数带有胡须，以后胡须就逐渐消失了。

图 3-25 红色绸地刺绣女龙袍（清晚期）
身长 131 厘米，通袖长 198 厘米，下摆宽 100 厘米

图 3-26 淡青色缎地刺绣女龙袍（清中晚期）
身长 136 厘米，通袖长 150 厘米，下摆宽 110 厘米

区分男女龙袍，女龙袍除了袖子中有接袖龙以外，是左右开裾，而官员穿的男式龙袍是前后开裾，这也是区别男式龙袍和女式龙袍的方法之一（图3-27）。

带有接袖龙的女龙袍通常只有满人穿用，一般汉人不穿，所以穿用这款女龙袍的群体较小，而且都是造办处定制的织绣品，工艺精细规范，形制上没有太大差距（图3-28）。

图 3-27 红色绸地刺绣女龙袍（清晚期）
身长 134 厘米，通袖长 184 厘米，下摆宽 108 厘米

图 3-28 天青色缎地刺绣女龙袍（清中晚期）
身长 138 厘米，通袖长 190 厘米，下摆宽 108 厘米

随着 20 世纪我国古玩市场的快速发展，很快转变成国外的人来北京卖古玩。美国的召恩、英国的罗伯特应该是来北京卖织绣品较早的人。在那时，笔者觉得他们从国外倒来的东西档次极高。记得笔者第一次看见罗伯特的东西是在北京，他有一件宫廷氅衣坯料、两件缂丝龙袍和一些织绣残片，笔者当时经营刺绣已经多年，见过的民用织绣品很多，但从来没有见过这样精美的东西，当时就竭尽全力买下了，且不亦乐乎，图 3-29 这件缂丝女龙袍是其中之一。

图 3-30 所示龙袍的整体构图规范，立水每个色系的变化用七层，称为七彩，是较精细的工艺。

业内把立水的一个色系用几层完成叫做几彩，龙袍的立水一般分三层、五层、七层、九层完成。多数的立水是五彩（图 3-31），工艺最粗的用三彩、绣九彩的较少，只有少数龙袍用九彩的工艺。

图 3-29 红色缂丝女龙袍（清晚期）
身长 136 厘米，通袖长 186 厘米，下摆宽 112 厘米

图 3-30 红色缎地刺绣女龙袍（清晚期）
身长 134 厘米，通袖长 184 厘米，下摆宽 108 厘米

图 3-31 红色缎地刺绣女龙袍（清中晚期）
身长 140 厘米，通袖长 186 厘米，下摆宽 110 厘米

大约咸丰、同治时期是绣品中打籽工艺最盛行的时期。龙袍也不例外，其多数用平绣和打籽相结合的方法，牡丹花卉、八宝、八仙等图案用打籽，龙纹用平金，其他纹样用平绣工艺（图3-32）。这是这一时期常用的工艺特点，也有小部分的龙袍采用全打籽的工艺。当时宫廷女龙袍都是宫廷管理机构供给，是在官员的监督下制作的，所以没有劣质品，构图和刺绣工艺都很精细规范（图3-33）。

图 3-32 蓝色绸地刺绣女龙袍（清晚期）
身长 140 厘米，通袖长 185 厘米，下摆宽 115 厘米

图 3-33 紫红色刺绣女龙袍（清晚期）
身长 140 厘米，通袖长 185 厘米，下摆宽 105 厘米

龙袍没有龙纹托领、接袖、马蹄袖齐全，这种领袖随意设计多数出现在雍正及乾隆初期（图3-34）。

　　实际上，几乎所有满族的女装都有使用接袖的风俗，具体是用带有纹样的绸缎把袖子分成两段（图3-35）。一般龙袍袖接用龙纹、花卉的服装用花卉纹样。因为清代有"男从女不从"的规章，清代汉族女装和满族女装有很大差别，一般汉族女性穿短款龙袍，身长约110厘米，宽袖或平直袖，下身穿裙子。

图 3-34 红色妆花缎女龙袍（清早期）
身长 142 厘米，通袖长 195 厘米，下摆宽 118 厘米

图 3-35 红色刺绣金龙纹女龙袍（清晚期）
身长 140 厘米，通袖长 185 厘米，下摆宽 105 厘米

图 3-36~ 图 3-40 所示龙袍云纹排列整齐有序，中间添加暗八仙、仙鹤等图案，龙纹比例较小，这些都是晚期龙袍的特点。

图 3-36 棕色刺绣平金龙纹女龙袍（清晚期）
身长 142 厘米，通袖长 193 厘米，下摆宽 121 厘米

图 3-37 红色缎地刺绣女龙袍（清晚期）
身长 140 厘米，通袖长 198 厘米，下摆宽 110 厘米

图 3-38 紫红色绸地刺绣女龙袍（清晚期）
身长 138 厘米，通袖长 198 厘米，下摆宽 112 厘米

图 3-39 红色缎地刺绣女龙袍（清晚期）
身长 140 厘米，通袖长 196 厘米，下摆宽 110 厘米

图 3-40 橘红色刺绣金龙纹女龙袍（清中晚期）
身长 140 厘米，通袖长 186 厘米，下摆宽 110 厘米

图 3-41 所示龙袍下摆江水海牙部分全部采用平水纹样，不用立水，整体看这种设计在同一时段里比例较小，流行的时间也较短，但整体工艺比较规范、粗细水平差距不大，应为嘉庆、道光时期有一定规模的厂家所为。

图 3-41 棕色刺绣平金龙纹女龙袍（清晚期）
身长 142 厘米，通袖长 193 厘米，下摆宽 121 厘米

（三）七品以下

据乾隆二十四年《皇朝礼器图式》记载："本朝定制，文七品蟒袍蓝及石青诸色随所用，通绣五蟒皆四爪。武七、八、九品，文八、九品未入流皆同。"（图3-42）

按大清典章，七品以下蟒袍为五蟒四爪，但在传世实物中很难见到。图3-43是笔者见到的唯一一件五蟒龙袍，还是在英国伦敦的一个朋友家里。这种现象也属于典章上有、实物中无，按正常逻辑应该四爪蟒纹多于五爪龙纹，但在传世实物中，除了雍正以前四爪蟒纹常见，乾隆以后就很少看到了。主要原因应该是服制规定与执行有误差，而且每个朝代又有修改。

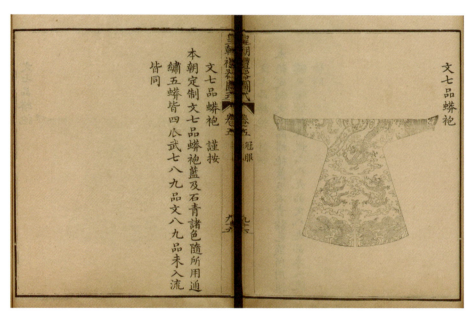

图 3-42 《皇朝礼器图式》·卷七 清 允禄、蒋溥等纂修
1759 年武英殿刊本
（维多利亚与阿尔伯特博物馆藏）

图 3-43 蓝色刺绣过肩龙纹蟒袍
（纽约佳士得拍卖图录）

二、女二式龙袍（八团龙袍）

清代女二式龙袍纹样采用八团龙的图案，团龙的直径约 30 厘米，位置和八团褂相同，前后各有品字形排列的三个团龙，两肩各有一个，共计八个团龙，业内一般把这种形式叫做八团龙。领袖及款式和龙袍相同，也是右衽、大襟、接袖和马蹄袖，下幅八宝立水。从实物看，有的只绣八个团龙，也有的除了绣八个团龙以外，周身还绣有其他吉祥图案。

女二式龙袍和龙褂一样，服装的色彩和团龙的纹样是区别品级的重要标识（图 3-44）。按职位顺序，分别用正龙、行龙、夔龙的变化。颜色用明黄、杏黄、金黄以及其他各种颜色来区分。

除了龙纹以外，还有同样款式的八团花卉纹袍。这种款式传世也较多，因为镇国公夫人及以下命妇的八团褂用花卉纹，而且镇国公夫人及以下级别的命妇没有和二式龙袍相应的袍服，所以笔者认为八团花卉袍很有可能是镇国公以下命妇的龙袍二式。在同样的场合，作为女二式龙袍穿用。

清早期男式龙袍也有八团式的，北京故宫博物院藏有一件康熙时期的八团龙袍。它是男人穿用的八团龙服装，详见紫禁城出版社 2004 年出版的《清代宫廷服饰》第 53 页。清代中晚期的服装中，男性不穿八团纹样，但穿用暗花团龙或花卉图案。

（一）皇室

清代中晚期的八团服装只有女性穿用，而且在宫廷女式服装中占有相当大的比例。各种八团图案的袍、褂很多。清代龙袍是最为常见的官用制服，传世数量也较多，可能是由于在正式场合都要套外褂（除了免褂期）。典章中没有找到穿用场合的相关规定，但既然规定女龙袍分三种款式，不同的款式就应该有相应的穿用要求，至少会有一种风俗习惯的共识。同样场合三种款式随意穿用应该不符合常理。

图 3-45 所示女二式龙袍为明黄色，年代为雍正乾隆时期，按照典章应该是皇太后、皇后穿用的。在传世的龙袍中，早期的刺绣龙袍很少，二式龙袍更为少见。所以此件龙袍无论是从工艺还是历史文化的角度看都很珍贵。此外，图 3-46 亦为女二式龙袍。

图 3-44 孝仪纯皇后画像
所穿即为女二式龙袍
（清 郎世宁绘 北京故宫博物院藏）

(a) 正面

(b) 背面

图 3-45 明黄色缎地刺绣皇后二式龙袍（清早期）

身长 138 厘米，通袖长 196 厘米，下摆宽 120 厘米

图 3-46 黄色妆花缎女二式龙袍（清早期）
身长 139 厘米，通袖长 188 厘米，下摆宽 120 厘米

比较粗短的龙纹和肥大的马蹄袖、平水较短，而立水很长，都说明年代较晚。如此宽大的马蹄袖尽管很费工时，但在当时是一种时尚（图 3-47）。

图 3-47 黄色缂丝女二式龙袍（清晚期）
身长 140 厘米，通袖长 185 厘米，下摆宽 122 厘米

女二式龙袍的款式和龙袍没有区别，五爪金龙，两肩前后共有四团正龙，下摆前后共四团行龙，下幅八宝立水。同样用托领、接袖和马蹄袖的形式，只是采用八团的纹样。龙袍的色彩和团龙的纹样是区别品级的重要标识（图3-48、图3-49）。

图3-48 黄色缎地刺绣女二式龙袍（清中晚期）
身长 132 厘米，通袖长 195 厘米，下摆宽 122 厘米

图3-49 金黄色刺绣女二式龙袍（清中晚期）
身长 135 厘米，通袖长 186 厘米，下摆宽 120 厘米

根据故宫藏龙袍的黄条上对黄色的使用情况，感觉是金黄泛灰色，杏黄泛红，明黄泛蓝色。但由于保存环境和条件不同，具体色彩仅是一种视觉的概念，很难严格区分（图3-50、图3-51）。

　　图3-52所示龙袍年代较早，八团及通身的单尾云纹工艺精细，构图规范有动感。尽管有较重的褪色，仍然具有典雅古朴的美感。

图3-50 明黄色妆花女二式龙袍（清早期）
身长140厘米，通袖长186厘米，下摆宽120厘米

图3-51 金黄色刺绣女二式龙袍（清晚期）
身长142厘米，通袖长178厘米，下摆宽121厘米

图 3-52 香色缎地刺绣女二式龙袍（清早期）
身长 140 厘米，通袖长 185 厘米，下摆宽 116 厘米

（二）福晋、夫人

清代宫廷女眷，根据阶级的不同，分别穿用相应的明黄、杏黄、金黄、蓝和石青等颜色。纹样分别有正龙、行龙、夔龙、花卉的变化。亲王、郡王福晋、贝勒、贝子夫人等，除赏赐外不能穿黄色，其他诸色随用。

图 3-53 所示龙袍平水下面的立水中穿插云纹的设计，根据色彩纹样等风格特点，多出现在嘉庆晚期道光早期的一个较短的时段，可能因为视觉效果一般，流行时间比较短。

图 3-53 棕色缎地刺绣女二式龙袍（清早期）
身长 142 厘米，通袖长 186 厘米，下摆宽 121 厘米

图 3-54 所示袍服的平水较高，而立水较短，和晚期袍服下摆的海水构图形成强烈的对比。除了八团图案以外，通身用细丝线绣满棱形图案。这种工艺非常耗费工时，在清早期也很少见，乾隆以后这种风格基本绝迹。八团用两条相对的夔龙做主体图案，康熙、雍正时期曾经短时间流行两条龙相对的团龙纹样，但夔龙纹的极少。

(a) 正面

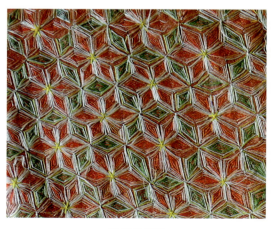

(b) 绣线细节

(c) 团纹细节

图 3-54 粉红色绣网格地八团夔龙纹女袍（清早期）
身长 134 厘米，下摆宽 116 厘米，通袖长 168 厘米

图 3-55 所示袍服胸前背后、两肩四条行龙，下摆前后四条夔龙，这种纹样比较少。按照清代典章，男女龙褂，镇国公、民公及其夫人穿用夔龙纹，此袍应该是镇国公、民公夫人穿用的。

图 3-55 红色绸地刺绣女二式龙袍（清晚期）
身长 139 厘米，通袖长 188 厘米，下摆宽 121 厘米

图 3-56 所示龙袍做工精细规整，品相完好如新。立水高而且笔直、平水很短、龙身的翻转僵硬、眼睛明显偏大、是典型的清光绪时期的龙袍风格。

图 3-56 红色绸地刺绣女二式龙袍（清晚期）
身长 135 厘米，通袖长 189 厘米，下摆宽 110 厘米

龙袍里面絮丝绵。在传世实物中，龙袍、官服、衬衣等都有这种添加丝绵或毛皮的现象。虽然清代典章有冬朝服，没有冬龙袍，但在相应的场合，北方寒冷季节添加御寒措施应该符合常理。

饰有八团龙纹图案的龙袍绝大部分是红色和皇家用的黄色，特别是乾隆以后，蓝和石青等其他颜色的八团袍很少见（图 3-57、图 3-58）。

图 3-57 红色绸地刺绣女二式龙袍（清晚期）
身长 138 厘米，通袖长 190 厘米，下摆宽 106 厘米

图 3-58 红色绸地刺绣女二式龙袍（清晚期）
身长 138 厘米，通袖长 186 厘米，下摆宽 108 厘米

三、女三式龙袍

女三式龙袍的款式、纹样与二式相同，也是八团龙、托领、接袖和马蹄袖的形式，差别在于下摆没有海水江牙（图 3-59~ 图 3-61）。

按照清代典章，明黄色应该是皇后、皇太后穿用的。清代皇族的朝褂、朝服、龙袍都有两三种款式，每种款式的纹样有明确规定。但在史料中，笔者却没有查找到穿用场合的说明。在多年的收藏过程中，发现传世的女三式龙袍很少，这种现象可能和穿用的机会少有关。

图 3-59 明黄色妆花缎女三式龙袍（清早期）
身长 128 厘米，通袖长 168 厘米，下摆宽 110 厘米

八团袍服在清代初期男人也穿用（详见紫禁城出版社 2004 年出版的《清代宫廷服饰》第 58、59 页）。到清代中晚期，男人不穿八团服装，八团龙纹成为了宫廷女装的主要图案。皇后、皇贵妃等穿的石青色对襟龙卦。此件女三式龙袍年代较早，八个团龙采用五彩妆花工艺，整体袍身采用提花（暗花）的工艺，织万寿加小团龙纹样。这种妆花加提花的风格多为明末清初时期，由于这种经纬关系和织布过程都极为复杂，康熙以后就很少见到了。

图 3-60 蓝色妆花缎八团龙纹女三式龙袍（清代早期）
身长 130 厘米，通袖长 166 厘米，下摆宽 109 厘米

图 3-61 石青色提花加妆花八团龙纹女三式龙袍（清代早期）
身长 143 厘米，通袖长 140 厘米，下摆宽 124 厘米

四、八团花卉袍

清代宫廷女装八团纹样的传世较多，女二式和三式龙袍、女龙褂都用八团纹的方式。根据典章记载，在纹样上，女龙褂有明确规定，镇国公夫人以上分别用不同姿态和数量的龙纹，镇国公夫人及以下用花卉纹。

八团花卉纹袍的款式和女二式龙袍完全相同，也采用八团的形式，同样是前后各有品字形团花加两肩一共八团，只是图案用花卉纹。虽然从清早期到晚期都有这种花卉纹袍，但在史料上查找不到相应的级别，也没有明确使用人群和场合。八团花卉纹袍的款式、工艺以及各种花卉纹的变化都很规范，符合宫廷服装的标准，但传世数量明显比八团龙袍多，说明适应穿用的人较多。镇国公夫人及以下品级的命妇穿八团花卉褂，按照八团褂的逻辑，笔者认为，这种八团花卉袍应该是镇国公以下命妇的龙袍二式。

这种八团花卉袍在颜色上，有明黄、杏黄、金黄、香黄和其他各种颜色（花卉女袍一般不用石青色）。在花卉的纹样上，没有级别和场合的规章限制，可以任意应用。

应该注意的是，按规定品位低的人不能穿高于自己品位人的色彩和纹样，而高品位的人可以任意穿用低于自己品位人的颜色、纹样的服装。所以就出现了明黄色八团花卉袍（图 3-62）。

一般早期的袍服胸围较瘦，下摆却很宽。袖子瘦长，马蹄袖也小。到中晚期袖子越来越宽，马蹄袖越来越大。因为清代典章中并未记录八团花卉纹袍的规制，所以传世量相对较多，色彩和花卉纹样也非常丰富。

汉族女性也穿用八团袍褂，但和汉式女龙袍一样，身长一般要短一尺左右，八团的直径也明显小，多数下摆不用山水纹，而用花卉纹样。

因为不能使用高于自己级别人的纹样和色彩，而可以任意穿用低于自己级别人的纹样和色彩，所以八团花卉纹同样有各种黄色，黄色八团袍的纹样可以是龙纹，也可以是花卉纹样，但黄色袍的穿用者一定是皇贵妃以上，其他人不能穿用。

图 3-63 所示袍服的袖子比较瘦，马蹄袖较小，胸围瘦而下摆宽，平水多而立水短，这些都是清代早期的特征。构图用伞盖、寿字、夔龙等图案，这种构图方式在雍正乾隆时期比较多见。夔龙纹应不属于典章里的夔龙之列。但金黄色应该是妃嫔、皇子福晋穿用的。

皇子福晋、亲王和郡王的福晋，一直至县主都可使用香黄色和龙纹，所以香黄色的八团袍构图多数是龙纹。这种黄色花卉袍服，实际上穿用的人群比较少，所以传世量也很少（图 3-64、图 3-65）。

(a) 正面 　　　　　　　　　　　　　　　　　　　　　(b) 团纹细节

图 3-62 黄色缎地刺绣八团灯笼纹女袍（清早期）
身长 140 厘米，通袖长 196 厘米，下摆宽 120 厘米

(a) 正面 　　　　　　　　　　　　　　　　　　　　　(b) 团纹细节

图 3-63 黄色刺绣八团夔龙纹女袍（清早期）
身长 138 厘米，通袖长 168 厘米，下摆宽 116 厘米

图 3-64 黄色绸地五福捧寿八团花卉纹女袍（清中晚期）
身长 140 厘米，通袖长 188 厘米，下摆宽 120 厘米

图 3-65 黄色绸地八团花卉纹女袍（清中晚期）
身长 142 厘米，通袖长 191 厘米，下摆宽 122 厘米

图 3-66 所示袍服的八团部分用五彩打籽加平金的刺绣方法，搭配在红色缎地上显得非常华丽。立水采用三蓝绣的风格，形成一个较大的反差。少数龙袍也有这种设计，可能认为蓝色更近似于水的颜色。

袍服的马蹄袖非常大，宽度甚至足有 40 厘米，单是马蹄袖和接袖的刺绣工艺就与整件衣服其他部分的绣工相差无几，说明清代晚期大马蹄袖在当时很时尚（图 3-67～图 3-69）。

图 3-66 红色缎地八团花卉纹女袍（清中晚期）
身长 136 厘米，通袖长 189 厘米，下摆宽 115 厘米

图 3-67 红色绸地八团云纹女袍（清中晚期）
身长 138 厘米，通袖长 189 厘米，下摆宽 116 厘米

图 3-68 红色绸地八团花蝶纹女袍（清晚期）
身长 140 厘米，通袖长 188 厘米，下摆宽 112 厘米

图 3-69 浅蓝色刺绣八团花卉纹女袍（清中晚期）
身长 142 厘米，通袖长 202 厘米，下摆宽 118 厘米

此款八团袍工艺精细、色彩艳丽，主体花纹是绣球花。绣球花也叫八仙花、紫阳花、粉团花等。意义上绣球花代表多子多福，是宫廷服装常用的纹样（图3-70）。

图 3-70 红色缎地绣八团花卉纹女袍（清中晚期）
身长 142 厘米，通袖长 198 厘米，下摆宽 115 厘米

此款八团袍的构图使用团鹤图案，这种情况一般都在同治以后。仙鹤是清代一品官服上用的图案，在一定程度上仙鹤纹样仅次于龙纹，所以是清代晚期崇尚的纹样。其因为年代较晚，存世也相对较多（图3-71）。

图 3-71 红色缂丝团鹤纹女棉袍（清晚期）
身长 138 厘米，通袖长 200 厘米，下摆宽 116 厘米

清代的八团袍褂有两种形制，其一，有八团的纹样但周身无花纹，其二有八团纹样同时周身织绣云纹、蝠纹、寿字纹等图案，因为两种构图形式没有典章要求，应该是按照穿着者的意愿而为的，级别相同（图3-72、图3-73）。

图 3-72 月白色绣团花寿字纹女袍（清中晚期）
身长 142 厘米，通袖长 195 厘米，下摆宽 118 厘米

图 3-73 红色缎地八团花卉纹女袍（清中晚期）
身长 139 厘米，通袖长 196 厘米，下摆宽 116 厘米

八团花的中心图案叫灯笼纹，这种纹样常用于清代中早期的一些绣品中。灯笼纹的上端是一个伞盖，是古代有身份的人出行时用于遮风挡雨的，到后来演化为纯粹的显示威严的礼仪用品（图 3-74）。

　　清早期织绣品中花卉纹的构图，带有宗教色彩的宝相花相对较多。大约到乾隆以后，逐渐被代表富贵的牡丹所取代，同治以后，代表社会地位的一品仙鹤用得越来越多（图 3-75）。

图 3-74 红色刺绣八团花卉纹女袍（清中晚期）
身长 140 厘米，通袖长 186 厘米，下摆宽 119 厘米

图 3-75 红色绸地绣八团蝶恋花纹女袍（清晚期）
身长 140 厘米，通袖长 188 厘米，下摆宽 116 厘米

图 3-76 所示八团袍的色彩、构图风格是典型的京绣。清代晚期这种宫廷服装传世较多，同样风格的还有宫廷氅衣、衬衣、褂襕等。

图 3-76 红色八团花卉纹女袍（清晚期）
身长 140 厘米，通袖长 192 厘米，下摆宽 111 厘米

清代织绣品中几乎所有的图案都有其特定的含义，每组图案都能够有单独的解释。如代表富贵的牡丹、代表爱情的蝴蝶等，其往往和四周相邻的纹样没有关联。这种方式可以在面料的任何位置添加所需图案，以便在色彩和纹样上更加协调和对称。大约到清末民国时期，开始出现整束花卉，甚至整棵花卉的构图方式。这种设计在视觉上较容易理解、更具合理性，但由于循环加大，给纺织工艺的设计增加了难度（图 3-77、图 3-78）。

图 3-77 红色绸地绣八团寿字纹女袍（清中晚期）
身长 142 厘米，通袖长 190 厘米，下摆宽 116 厘米

图 3-79 所示女袍，团花和马蹄袖的图案是以兰花和蝴蝶等小花组成，采用五彩平绣的针法，绣工非常精细。兰花被称为君子之花，古人把行为道德规范、尊重他人的人称为君子。

手工戳纱绣在刺绣种类里是最耗费工时的工艺，据业内人的经验，同样的图案和同一熟练工人，戳纱工艺要比一般其他绣多耗费几倍的工时。但其除了透气和解暑以外，纹样的视觉效果一般，这只能说明当时的制作者是不惜工本而已（图 3-80）。

图 3-81 所示女袍，团花的中心构图为双喜字。按照中国人的习惯，一般场合是不用双喜纹样的。多数是结婚时穿用的，所以喜字题材的袍服较少。

图 3-82 所示这种宫廷的大八团花卉袍服只有满族女人穿用，汉族命妇一般不穿这种款式，所以应用范围较小，总的传世数量有限，和其他古玩种类相比可谓九牛一毛。但是对于业内而言，龙袍、朝服等宫廷服装，整体感觉传世量却较多。认真分析，造成这种局面的因素很多，首先是了解和认知宫廷织绣品的群体很小。尽管总的传世数量很少，但认知的人更少，所以仅仅是感觉而已。其次是丝织品易于保存，不像瓷器等一些易碎品，稍有不慎就摔碎报废，长年累月损坏率非常高。

图 3-78 红色缂丝八团花卉纹女袍（清晚期）
身长 138 厘米，通袖长 188 厘米，下摆宽 112 厘米

图 3-79 红色绸地绣八团花卉纹女袍（清中晚期）
身长 140 厘米，通袖长 196 厘米，下摆宽 114 厘米

图 3-80 红色戳纱绣八团仙鹤纹女袍（清晚期）
身长 139 厘米，通袖长 188 厘米，下摆宽 123 厘米

图 3-81 红色缎地绣八团双喜字女袍（清中晚期）
身长 139 厘米，通袖长 185 厘米，下摆宽 114 厘米

图 3-82 红色缂丝八团仙鹤庆寿纹女袍（清中晚期）
身长 138 厘米，通袖长 176 厘米，下摆宽 116 厘米

不难看出，所有八团袍服、刺绣、构图和缝制工艺都很精细规范，各种技术水平差距不大。原因就是八团袍服是宫廷专用，能在一定程度上代表当时的最高工艺水平（图 3-83~ 图 3-85）。而汉式裙子、氅衣等，由于需求的人群经济条件和社会环境差距很大，工艺水平差距非常大。

图 3-83 红色刺绣八团花卉纹女袍（清中晚期）
身长 142 厘米，通袖长 186 厘米，下摆宽 119 厘米

图 3-84 红色刺绣八团花卉纹女袍
身长 138 厘米，通袖长 185 厘米，下摆宽 114 厘米

清代宫廷服装的显花方式，除了刺绣工艺以外，主要还有妆花和缂丝，后两种工艺都是用织的方法显示图案，而妆花工艺大体上是彩纬介入，通过抛梭或回纬来显示图案，缂丝是用纯回纬的方法显示图案（图3-86）。

20世纪80年代末，曾经有一段时间北京业内很多人都找缂丝，其中不乏根本不知道缂丝为何物的人。应该说当时笔者是为数不多的专业搞绣品的人，尽管经手过，同样不懂缂丝工艺。随着国外的织绣品快速回流到国内，清代缂丝物品越来越多，人们对缂丝工艺也逐渐熟悉，原来对缂丝工艺的神秘感也慢慢消失了。

图3-85 淡绿色绸地绣八团蝶恋花纹女袍（清中晚期）
身长140厘米，通袖长182厘米，下摆宽118厘米

图3-86 红色缂丝八团花卉纹女袍（清中晚期）
身长141厘米，通袖长196厘米，下摆宽122厘米

第三章 女龙袍

清道光、咸丰时期，牡丹、蝴蝶纹样最为流行。牡丹意为富贵，蝴蝶代表爱情，特别是织绣品，无论是宫廷还是地方、婚丧嫁娶、室内装饰、甚至生活日常用品，都普遍使用这种图案，近些年有人把这两种纹样的组合应用也叫做蝶恋花，象征着爱情缠绵（图3-87）。

宫廷龙袍、八团袍立水中带有花卉纹的较少，这种风格多见于汉式氅衣。人口众多的汉人着装风尚对人们的影响是巨大的，宫廷服装的这种设计应该和汉人的影响有关。

图 3-87 红色缎地刺绣八团花卉纹女袍（清中晚期）
身长 138 厘米，通袖长 186 厘米，下摆宽 115 厘米

清代中早期的纱地龙袍、八团袍传世很少，以纱做面料的袍服年代多数是道光以后（图3-88）。而且年代越晚，纱质服装比例越多。清代宫廷服装的着装场合是有明确规定的，在每年的三伏天为避暑可以只穿龙袍不罩官服，也叫免褂期。这一时期多数穿用纱的龙袍、八团袍等，故此，清代纱的官服龙袍有一定数量。

图 3-89 所示八团女袍款式和二式龙袍没有区别，只是把龙纹改成了花卉、仙鹤或福寿纹。此袍刺绣工艺精细、色彩明快，是典型的京绣风格。

图 3-90 所示袍服把袖子折返起来压住了两肩的团纹，因为展开袖子就太长了。清代中晚期的很多宫廷女装都有这种现象（图3-91～图3-93）。

图 3-88 红色纳纱绣八团花卉纹女袍（清中晚期）
身长 138 厘米，通袖长 186 厘米，下摆宽 100 厘米

图 3-89 红色绸地八团团鹤纹女袍（清晚期）
身长 142 厘米，通袖长 192 厘米，下摆宽 112 厘米

第三章 女龙袍

74

图 3-90 红色绸地刺绣八团花卉纹女袍（清晚期）
身长 142 厘米，通袖长 192 厘米，下摆宽 120 厘米

图 3-91 红色缎地刺绣八团花卉纹女袍（清晚期）
身长 140 厘米，通袖长 192 厘米，下摆宽 116 厘米

图 3-92 红色缂丝八团花卉纹女袍（清中晚期）
身长 142 厘米，通袖长 192 厘米，下摆宽 116 厘米

图 3-93 红色刺绣八团花卉纹女袍（清中晚期）
身长 140 厘米，通袖长 196 厘米，下摆宽 110 厘米

到清代晚期，各类织绣品中出现团鹤纹样应用比例非常多，不只局限于服装、桌裙、椅披也常有出现，说明仙鹤纹样是当时的时尚纹样（图3-94）。

图3-95所示女袍年代较早，根据色彩和构图风格，应是乾隆时期。主体图案是两个相对的蝴蝶，人们把这种构图形式叫做喜相逢，具有爱情的含意。

由于工艺设计等的局限性，八团花卉纹袍多数是刺绣和缂丝工艺，妆花工艺的八团花卉纹很少。

图3-94 红色刺绣八团团鹤纹女袍（清中晚期）
身长140厘米，通袖长196厘米，下摆宽112厘米

图3-95 香黄色缎地八团喜相逢纹女袍（清早期）
身长132厘米，通袖长165厘米，下摆宽110厘米

第四章

朝褂

清代的褂一般是穿在袍服外面，不单独穿用，在礼仪场合，一般穿袍时必穿外褂。唯一的例外是每年三伏天为免褂期，此时穿袍服可免套外褂。

朝褂款式为圆领、对襟、无袖的大坎肩，颜色用石青，款式和颜色上不分级别，纹样上根据地位不同，龙纹的数量和排列上有所变化。由于汉族命妇穿霞帔，一般不穿朝褂，只有宫廷满族女性按规定穿用朝褂，所以朝褂的传世很少，国内外市场很少见到。

根据图片和历史资料，女朝褂是在正式场合穿在袍服外面的，所谓正式场合是指国庆大典、生日、婚礼、祭祀天地宗祖等。无论是看相关书籍的图片，还是清代《穿戴档》的记载，穿戴一套宫廷服饰是一件极繁琐复杂的事情。

一、后妃

1. 皇后、皇太后朝褂共分三式

（1）一式，色用石青，片金缘，前后立龙各二，下通襞积四层，相间上为正龙各四，下为万福万寿，皇贵妃、皇太子妃同。

（2）二式，色用石青，片金缘，前后正龙各一，腰围行龙四，中有襞积，下幅行龙八，皇贵妃、皇太子妃同。

（3）三式，石青色，片金缘，前后各有两条通身相对的行龙，没有襞积，下幅江水海牙，皇贵妃、皇太子妃同。

2. 贵妃、妃、嫔分朝褂两式

（1）贵妃朝褂一，中有襞积，其他如皇后朝褂。妃、嫔同。

（2）贵妃朝褂二，中无襞积，妃、嫔同。

3. 皇子福晋朝褂

色用石青，片金缘，绣纹前行龙四，后行龙三，下至郡王福晋、县主皆同。

4. 民公夫人朝褂

色用石青，片金缘，绣纹前行龙二，后行龙一，下至七品皆同。

一式朝褂只在北京故宫博物院出版的书中看到过，除了故宫以外，社会上这款朝褂的实物非常少（图 4-1）。相关的拍卖会上也没见到过，相关书籍刊物上也没有看到穿一式朝褂的图像资料，说明此种服装极为稀少珍贵。实际上此朝褂和《皇朝礼器图式》的文字解释也不尽相同，书上解释为正龙四，实为行龙四，不知是书中解释有误，还是配图错误？

记得大约是 2001 年，同行带了一个蒙古人，拿来一件图案类似的朝褂。当时那个人说："我这衣服很厉害，有很多条龙，是宫廷里穿的。"因为那时笔者只认识龙袍，不知道朝褂为何物，而且那件衣服正面有磨损，因此没有买，现在想起来很遗憾。

图 4-2 所示，二式朝褂上半部分前后各有一条正龙，腰帷前后各有两条行龙，中有劈积，下幅前后各有四条行龙。

根据清代典章记载，朝褂形状是圆领、对襟、无袖身长到脚面的长坎肩。按照级别高低，龙纹的排列和数量有区别。而且后、妃朝褂分三种款式，其他福晋、夫人均为一式。但是在很多图片资料和清代帝后像书中，几乎全部是穿三式朝褂，说明相关人员平时穿用三式朝褂较多，并有可能款式和穿用场合无关，典章上也没有找到与此相关的法制（图 4-3）。

图 4-1 一式朝褂
（北京故宫博物院藏）

(a) 正面　　　　　　　　　　　　　　　　　　　(b) 背面

图 4-2 石青色妆花缎云龙纹二式朝褂（清早期）
身长 134 厘米，下摆宽 125 厘米，肩宽 38 厘米

(a) 正面　　　　　　　　　　　　　　　　　　　(b) 背面

图 4-3 石青色缎地刺绣金龙纹三式朝褂（清早期）
身长 138 厘米，下摆宽 122 厘米，肩宽 32 厘米

图 4-4 所示朝褂的工艺精细，龙纹完全根据龙褂的款式设计。单尾云纹根据所剩空间填补，平水波涛汹涌，立水较短，显得流畅合理，应为乾隆时期的朝褂。笔者看到的大部分朝褂都很规范，年代也相对较早，故宫展出的朝褂也基本是清中期以前的款式。

　　三式朝褂较为常见，所能看到的历史图片和实物都是三式。1998 年中国书店出版的《清代帝后像》一书中后、妃像，基本都是穿三式朝褂的画像（图 4-5、图 4-6）。

（a）正面　　　　　　　　　　　　　　（b）背面

图 4-4 石青色缎地刺绣金龙纹三式朝褂（清早期）
身长 139 厘米，下摆宽 119 厘米，肩宽 36 厘米

图 4-5 石青色缎地五彩绣金龙纹三式朝褂（清早期）　　图 4-6 石青色缎地五彩绣金龙纹三式朝褂（清早期）
身长 140 厘米，下摆宽 116 厘米，肩宽 38 厘米　　　　身长 139 厘米，下摆宽 119 厘米，肩宽 36 厘米

根据典章规定，前行龙纹二、后正龙纹一，应是民公夫人的朝褂纹样，但是朝褂均为石青色。就连皇后、皇太后朝褂也是石青色，只是后垂明黄绦。这应该是早期实物，和中、晚期的规章有区别（图4-7）。

从图4-8坯料的边缘可以明显看出曾经缝制过的痕迹，说明曾经是一件成衣，年代应为乾隆晚期。从刺绣纹样上分析，正面两条行龙，后背一条正龙，符合低品级朝褂的规章。但明黄色只有后妃才能穿用，应该是高级别人可以应用低于自己级别人的纹样和色彩的原因，这种现象偶有出现（如黄色八团花卉纹袍服）。

(a) 正面　　　　　　　　　　　　　　　(b) 背面

图 4-7 香黄色妆花缎龙纹朝褂（清早期）

身长110厘米，下摆宽90厘米，肩宽42厘米

(a) 正面　　　　　　　　　　　　　　　(b) 背面

图 4-8 黄色缎地刺绣金龙纹坯料（清早期）

身长120厘米，下摆宽92厘米，肩宽50厘米

第四章 朝褂

二、福晋至县主

皇子福晋朝褂色用石青，片金缘，绣纹前行龙四，后行龙三，下至郡王福晋、县主皆同。这个级别的朝褂，前襟上下各两条共四条行龙，背面品字形三条龙，以下至县主的朝褂款式都相同。不同的是贝勒夫人、贝子夫人及以下品级用四爪蟒纹（图4-9）。

图4-10所示朝褂龙纹的眉毛呈锥形向上，须发从下面一直卷向头顶上方，龙的肚皮是彩色花格组成，不规则的如意云纹，四爪龙纹比例很大，神态凶猛，说明此朝褂年代应在雍正以前。

(a) 正面　　　　　　　　　　　　　　　(b) 背面

图 4-9 石青色妆花缎云龙纹朝褂（清早期）
身长110厘米，下摆宽118厘米，肩宽40厘米

(a) 正面　　　　　　　　　　　　　　　(b) 背面

图 4-10 蓝色缂丝皇子福晋、亲王、郡王福晋朝褂（清早期）
身长140厘米，下摆宽124厘米，肩宽42厘米

三、镇国公夫人以下

镇国公、民公以下夫人朝褂色用石青，片金缘，绣纹前行龙二，后行龙一，下至七品皆同（图4-11）。虽然朝褂的形制在清代典章有明确规定，但从纹样和工艺上看在当时也是很时尚的，在遵循规章的情况下，还可以添加云纹、海水、吉祥纹样。工艺更是应有尽有，不惜工本。

图4-12所示朝褂是妆花工艺，龙纹神态凶猛，龙身翻转流畅有动感，五彩多尾四合云，色彩华丽饱满，具有明显的清代早期特征。除了正面两条背面一条大龙以外，全身还有各种姿态的小龙纹，有人把这种形式叫做子孙龙。按典章朝褂上的龙纹是有明确规定的，所以可能是年代较早的原因，这件朝褂和典章有差别。美国大都会博物馆藏有一件缂丝龙袍，龙袍下摆部分小龙纹的构图方式和这件朝褂相似，应该和这件朝褂是同一时期的产品。

(a) 正面   (b) 背面

图4-11 石青色妆花缎龙纹女朝褂（清早期）
身长110厘米，下摆宽85厘米，肩宽40厘米

图4-13所示女褂款式和朝褂基本相同，但是身长比朝褂短，纹样是龙凤纹。在纹样和色彩上，都不符合宫廷朝褂的规定，明显有汉式女装的风格，应该是汉族妇女效仿宫廷服装而为。

由于穿着人群的范围小、数量少，朝褂的传世量很少。在几十年的收购生涯中，也只见到过以上几件，主要来源于我国西藏和国内外的拍卖公司。不难看出，所有实物年代都是乾隆以前的，这种现象和其他宫廷服装完全不同。其他所有门类都是年代越晚，传世量越多，而且以倍数的差距递增。但晚期的朝褂却相对少见，笔者猜测主要原因可能与穿用人群和穿着机会都比较少有关。

(a) 正面　　　　　　　　　　　　　　(b) 背面

图 4-12 石青色妆花缎女朝褂（清早期）
身长 136 厘米，下摆宽 124 厘米，肩宽 45 厘米

(a) 正面　　　　　　　　　　　　　　(b) 背面

图 4-13 淡青色平金绣龙凤纹女褂（清早期）
身长 116 厘米，下摆宽 106 厘米，肩宽 38 厘米

第五章

龙 裓

清代女装中只有皇后、皇太后、皇贵妃、妃、皇太子妃的服装冠以龙字，其他各阶级的人在名称上只能称蟒。所以同样的纹样，太子妃以上的人叫龙褂，其他人都叫吉服褂。在清代典章里只有这一款服装用吉服的名称。

典章规定的龙褂多为团龙纹，按照官职级别划分，有八团、四团、两团，另外还分正龙、行龙，镇国公夫人及以下品级用八团花卉纹，具体用什么花卉纹样不限。

但在传世实物中，有一些龙纹褂，基本是正面四条行龙，背面三条成品字形龙纹，构图很规范，主要是妆花和缂丝工艺。故宫出版的书籍中也认为这种褂出现在清代早期。

清代服装的款式和品种很多，对于过膝的长衣服，普遍认同的主要类别是袍和褂，大襟的长衣服叫"袍"，对襟的叫"褂"，如2006年上海科学技术出版社出版的《清代宫廷服饰》第89页石青缎织云蟒纹夹褂（图5-1）。

图 5-1 石青色缎织云蟒纹夹褂

一、云龙纹褂

明末清初的过渡时期，出现了很多种款式和纹样的袍褂，除了传统的裙式和大襟的袍服以外，还有对襟的褂。纹样有正身两条龙、背身一条龙的，也有正身四条、背身品字形三条龙的。这种龙褂在典章上没有记载，但这种款式的龙褂有少量传世流通，应在当时的龙纹褂中占有一定数量，工艺、构图、色彩等风格与同时期的龙袍没有区别，现做一介绍。

图 5-2 所示对襟褂大块有尾云纹，平水的比例较低，龙、云和山水纹样的构图规范、有动感，背身品字形龙纹和款式都逐渐接近于清代龙袍。

(a) 正面

(b) 背面
图 5-2 蓝色缂丝云龙纹对襟褂（清早期）
身长 135 厘米，通袖长 162 厘米，下摆宽 118 厘米

像图 5-2 和图 5-3 所示这种龙褂传世较少，年代大多为清早期，几乎全部是妆花或缂丝，工艺精细，构图规范，正身共饰四条龙，背身呈品字形三条龙。对比上海科学技术出版社 2006 年出版《清代宫廷服饰》第 74 页 刊载的"蓝纱织彩云金龙纹夹褂"，它们在纹样和款式上基本类似，只是龙纹有些差别。从云龙纹看，此件龙褂比《清代宫廷服饰》中刊载的年代要早，书中是横向单尾彩云，而这件龙褂的云纹基本为四合云形式。

(a) 正面

(b) 背面

图 5-3 明黄色妆花缎龙褂（清早期）

身长 140 厘米，通袖长 172 厘米，下摆宽 116 厘米

图 5-4 所示褂料加了仙鹤纹和八宝纹，龙褂正身是两条相对的行龙，后身则是一条正龙，前身下摆左右有两个白鹤。云纹相对稀少，佛八宝占用了较多的空间，龙褂袖子的下端有平水纹。龙纹和仙鹤纹同时在龙袍上使用传世很少，年代相对比较早，一般是在 17 世纪晚期。清中期的龙袍上面基本不用仙鹤纹样，到清晚期的部分龙袍上又开始使用小的鹤纹。这与 1995 年艺术图书公司出版《文物珍宝——明清织绣明清织绣》第 55 页刊载的"蓝地缂丝加孔雀羽云蟒纹吉服料"纹样和款式类似，只是细微之处有所不同，书中只有云、龙、海水纹。

(a) 正面

(b) 背面

图 5-4 红色缂丝云龙仙鹤八宝纹龙褂料（清早期）

身长 127 厘米，通袖长 145 厘米，下摆宽 96 厘米

故宫修复的石青云蟒纹妆花缎夹龙褂和图 5-5 所示龙褂基本相同（原文物编号五三六之 55 石青色妆花缎龙褂）。

(a) 正面

(b) 背面

图 5-5 石青色妆花缎云龙纹对襟褂料（清早期）

身长 129 厘米，通袖长 146 厘米，下摆宽 110 厘米

皇子福晋朝褂色用石青，片金缘，绣纹前行龙四，后行龙三，下至郡王福晋、县主皆同。这个级别的朝褂，前身上下各两条共四条行龙，后身品字形三条龙，以下至县主的朝褂款式都相同。不同的是贝勒夫人、贝子夫人及以下品级用四爪蟒纹。纹样与上述级别相符合，但色彩不合章法，根据以上传世实物，此类现象较多，笔者认为，图5-6所示龙褂或早于规章制定时间，或有穿用场合要求。

(a) 正面

(b) 背面

图 5-6 红色妆花缎龙褂（清早期）

身长 138 厘米，通袖长 178 厘米，下摆宽 118 厘米

图 5-7 所示龙褂购于 2012 年嘉德拍卖公司，相传来源于故宫旧藏，20 世纪 60 年代，经有关单位批准，北京工艺品公司从故宫取出这一批龙袍售卖，存放多年并未卖出，后因种种原因又转给同属北京外贸单位的懋龙公司，2012 年由懋龙在嘉德等拍卖，其中有几件这种龙褂。

(a) 正面

(b) 背面

图 5-7 红色妆花缎龙褂（清早期）

身长 136 厘米，通袖长 186 厘米，下摆宽 119 厘米

笔者原以为这种形制大部分都是清早期出现，只有乾隆以前少量流行，但这两件（图5-8、图5-9）龙纹褂明显是清晚期的，说明晚期也有前身四条龙，后身三条龙形制的龙褂少量应用。

图 5-8 蓝色刺绣龙褂（清晚期，党红民藏）
身长 138 厘米，通袖长 178 厘米，下摆宽 118 厘米

图 5-9 红色妆花缎龙褂（清早期）
身长 134 厘米，通袖长 186 厘米，下摆宽 116 厘米

二、后妃（八团龙纹）

清代女褂的称呼是根据级别的不同而不同的，皇后、皇太后、皇贵妃、妃等穿八团龙纹，称呼为龙褂。

皇子、亲王、郡王等福晋穿四团龙纹，贝勒、贝子夫人穿两团龙纹（各种不同的龙纹代表不同的身份），称呼为吉服褂。

以上两种名称很容易混淆，所以需要特别注意。

清代女龙褂均为石青色，圆领对襟，平直袖，左右开裾，团龙纹或花卉纹。八团龙纹是后、妃级别穿用的，纹样为胸前后背及两肩有四个，加下摆前后四个团龙，整件褂一共八个团龙纹。袖口部分除了山水纹以外，有的两边各有三个直径约10厘米的小团龙，也有的是各有两条行龙。一般行龙的年代较早，团龙的年代较晚。

式样分两种，一式龙褂的下摆、袖口都有山水纹。后、妃级别的穿用前后两肩四团正龙纹，下摆四团行龙，嫔龙褂下摆是四团夔龙纹。二式龙褂袖端没有行龙，下幅没有立水，其他与一式相同。

图5-10为康熙帝十四子爱新觉罗·胤禵及其福晋的画像。其所穿四团行龙褂，说明是郡王职位。内套黄色龙袍，按照典章，郡王不能穿用（除赏赐外）。男龙袍马蹄袖为黄色，女装马蹄袖为石青色（说明对马蹄袖的颜色没有规章），外褂的团龙纹和龙袍的搭配明显不符合清代章法。此种现象只有一种解释：如果亲王出身于皇子，在皇子的基础上封王，这也正符合了九子夺嫡事件前后胤禵封号及爵位的变化。

图5-10 爱新觉罗·胤禵及其福晋画像
二人均外罩龙褂内穿龙袍

（一）一式

皇后、皇太后龙褂色用石青，绣纹五爪金龙八团，两肩前后正龙各一，襟行龙四，下幅八宝立水，袖端行龙各二，皇贵妃、贵妃、妃皆同，太子妃亦同。

现在市场上见到的八团袍大部分是刺绣或缂丝工艺。妆花工艺的一般年代都在乾隆以前，因为年代较早，传世较少。

2004 紫禁城出版社出版的《清代宫廷服饰》提到，《三织造缴回档》记载清光绪十年，江南三织造奉旨给慈禧、光绪的龙袍、龙褂写道："上用：绣明黄缎五彩十二章立水金龙袍面四件，系官样挖杭加金寿字。绣石青缎五彩十二章八团金龙立水褂面四件，加金寿字"等。

同治光绪时期，有部分后妃袍褂有添加章纹的现象，根据《三织造缴回档》记载："光绪十年，赏亲王用：绣杏黄缎四章金龙蟒袍面六件，绣石青缎四正龙褂面六件，绣杏黄江绸四章金龙蟒袍面六件，绣石青江绸四正龙褂面六件，杏黄缂丝四章金龙蟒袍面六件，石青缂丝四正龙褂面六件。赏福晋用：绣杏黄缎四章金龙官样挖杭蟒袍面六件，石青缎八团金龙有水褂六件，绣杏黄江绸四章金龙官样挖杭蟒袍面六件"等。说明清代晚期的规章有所僭越或变动，但只局限于同治光绪时期（图 5-11）。

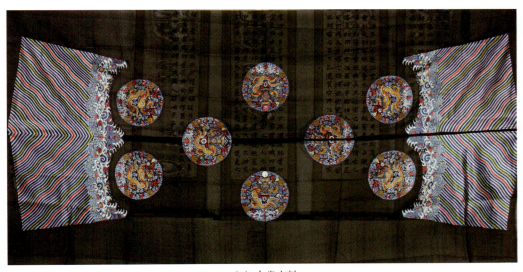

（a）大身衣料 　　　　　　　　　　　　　　　　　　（b）本坯料中原带的文字

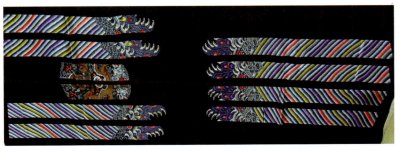

（c）贴边

图 5-11 石青色纱地四章纹刺绣龙褂料（清晚期）

身长 285 厘米，宽 148 厘米

饰有龙纹的袍服是所有大小命官都要穿用的，除了宫廷以外，也包括地方上的文武百官，所以传世相对较多。而图 5-12 所示龙褂只有宫廷女眷穿用，所以整体传世数量较少，工艺构图等也全部精细规范。

龙褂前后两肩绣四团正龙纹，下摆前后绣四团行龙。按规定是清代皇后、皇太后到皇太子妃穿的。以纱作为面料的龙袍、官服等服装是夏天穿用的，什么时段穿什么服装，清代典章有具体规定（图 5-13、图 5-14）。

图 5-12 石青色缎地刺绣龙褂
身长 140 厘米，通袖长 186 厘米，下摆宽 118 厘米

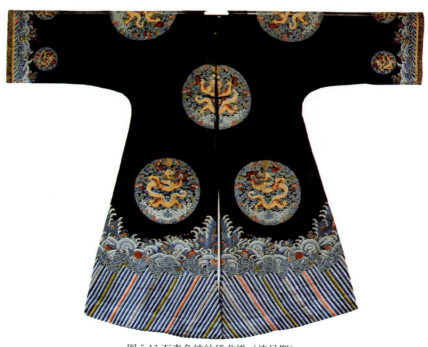

图 5-13 石青色纳纱绣龙褂（清早期）
身长 142 厘米，通袖长 186 厘米，下摆宽 116 厘米

图 5-14 石青色绸地刺绣龙褂（清晚期）
身长 140 厘米，通袖长 182 厘米，下摆宽 120 厘米

　　清代早期服装的立水很短而且有幅度很大的弯曲，每行的间距也较宽，平水层次多而高（图 5-15）。年代越晚，立水越高，而平水越短，到清晚期时立水很高而且平直，平水的海浪只有一层。

　　图 5-16 所示八团龙褂年代较早，云纹、龙纹生动流畅，传世品中比较少见。两个袖端采用行龙纹，晚期的一般是绣三条小团龙。

图 5-15 石青色绸地刺绣龙褂（清晚期）
身长 138 厘米，通袖长 176 厘米，下摆宽 112 厘米

图 5-16 石青色缎地刺绣龙褂（清早期）
身长 140 厘米，通袖长 178 厘米，下摆宽 120 厘米

八团龙褂只限于后、妃以上穿用，能够穿用者很少。款式、纹样、制作和织绣工艺全部精细规范，没有劣质品（图 5-17、图 5-18）。

图 5-17 石青色缂丝八团龙褂（清中期）
身长 142 厘米，通袖长 190 厘米，下摆宽 116 厘米

图 5-18 石青色纳纱八团龙褂（清中期）
身长 140 厘米，通袖长 188 厘米，下摆宽 122 厘米

图 5-19 所示龙褂前后两肩是四团行龙，下摆四团夔龙。按照清代典章，应该是镇国公夫人或民公夫人以上穿用的。这也是应用龙纹的最后一个级别，镇国公夫人以下品级的女眷穿用八团花卉纹样，颜色均为石青色。

图 5-19 石青色缂丝八团龙褂（清晚期）
身长 138 厘米，通袖长 186 厘米，下摆宽 100 厘米

（二）二式

二式龙褂，下摆没有山水纹，前后两肩八团龙纹，其他与一式相同。

图 5-20 所示龙褂用全平金的工艺，龙纹呆板丑陋，但工艺非常精细。圆补整体的构图和结构搭配等都很规范，但似乎有意识地把龙纹做得丑陋。另外，八团都是正龙的纹式并不符合大清典章，这在传世实物中有少量发现。

（a）正面

（b）背面

图 5-20 石青色缎地盘金龙纹裘皮二式龙褂（清晚期）

身长 134 厘米，通袖长 172 厘米，下摆宽 113 厘米

图 5-21 所示两团龙马褂和图 5-20 所示裘皮龙褂，以及一件咖啡色绣万字地龙袍都来自同一个地方，都是同样的毛皮衬里，年代也近似，应该是同一个家庭成套的女装。

（a）正面

（b）前门襟打开示意图
图 5-21 石青色缎两团龙马褂（清晚期）
身长 56 厘米，通袖长 61 厘米

三、福晋、夫人（四团、两团龙）

从福晋开始，在称呼上叫做吉服褂。皇子福晋、亲王福晋、世子福晋、郡王福晋，一直到镇国公夫人，每个级别的龙纹都有变化，颜色同样是石青色，具体的顺序是：

（1）皇子福晋吉服褂色用石青，绣五爪正龙四团，前后两肩各一。

（2）亲王福晋吉服褂色用石青，绣五爪金龙四团，前后正龙，两肩行龙，世子福晋、固伦公主、和硕公主、郡主皆同。

（3）郡王福晋吉服褂石青色，绣五爪行龙四团，前后两肩各一，县主同。

（4）贝勒夫人是前后两团正龙。

（5）贝子夫人是前后两团行龙。

清代皇室男性也穿龙褂，团龙的纹样和形状男式和女式没有区别，衣服的基本款式也相同。这种外套是所有品官女眷正式场合穿用的外套，要求相对严格，每个级别都会从此款外套体现，在传世数量上，无论男女，这种石青色的褂远少于袍。

亲王福晋穿前后两条正龙，两肩用行龙（图5-22）。受封王、公等爵位，并不意味着是皇室成员。因为王、公是有可能立功受奖而受封，而皇子等天生就是皇室成员，很容易立功受奖、封为王候的。

图 5-22 皇子福晋四团正龙纹吉服褂（清早期）
身长 136 厘米，通袖长 180 厘米，下摆宽 120 厘米

据典章记载，从贝勒夫人开始，外褂名称有所变动，由龙褂改为吉服褂，以后各个级别的朝廷命妇穿用的外褂，不管是两团龙纹，还是八团花卉纹，都称之为吉服褂。这也是清代典章所规定的唯一的名称，其他任何男女制服都不用吉服的名称（图5-23）。贝子夫人吉服褂石青色，前后绣四爪行蟒各一团，县君与其相同（图5-24）。

图 5-23 石青色绸地亲王福晋吉服褂（清中晚期）
身长 138 厘米，通袖长 166 厘米，下摆宽 118 厘米

图 5-24 石青色绸地刺绣金龙郡王福晋吉服褂（清晚期）
身长 134 厘米，通袖长 162 厘米，下摆宽 118 厘米

四、镇国公夫人及以下（八团花卉）

镇国公夫人及以下所有朝廷命妇都穿八团花卉纹样，名称上仍然称呼为吉服褂。在纹样上都改用八团花卉，团花的位置和龙团相同。

镇国公夫人及以下命妇在同样的场合穿用八团花卉褂，石青色。花卉的纹样不限，和龙褂一样分两种款式，一式有海水江牙，两袖端分别绣三个小团花和江水海牙，二式没有海水江牙和小团花。根据一些当时的老图片，穿用场合与龙褂相同，多数时间是套在龙袍外面穿用的（图5-25、图5-26）。

（1）镇国公夫人八团花卉纹吉服褂石青色，绣花八团，辅国公夫人、乡君皆同。

（2）民公夫人八团褂纹石青色，绣花八团，下至七品命妇皆同。

图5-27所示八团花卉纹吉服褂年代较早，团花中心是两个相对的蝴蝶，业内人称这种图案叫喜相逢。品字形团花相距较大，刺绣工艺精细规范，色彩过渡和谐。下摆没有立水，多层平水采用山水相间的构图方式，给人以汹涌澎湃的感觉。视觉上也比较深远，相对于晚期高立水的构图，这种方式更显得真实立体。

图5-25 石青色缎地贝勒夫人吉服褂（清晚期）
身长136厘米，通袖长190厘米，下摆宽122厘米

图5-26 石青色缎地贝子夫人吉服褂（清晚期）
身长132厘米，通袖长192厘米，下摆110厘米

图 5-27 石青色绸地八团花卉纹吉服褂（清中期）
身长 144 厘米，通袖长 176 厘米，下摆宽 115 厘米

图 5-28 石青色缎地五彩绣八团花卉纹吉服褂（清中晚期）
身长 140 厘米，通袖长 188 厘米，下摆宽 108 厘米

　　清代从皇后、皇太后一直到七品命妇的龙褂、吉服褂，都是石青色。皇后、皇太后到妃、嫔穿八团各种姿态的龙纹，叫龙褂，以下品级的叫吉服褂。图 5-28 所示褂绣八团双鱼、双蝶花卉纹，应该是镇国公夫人及以下命妇穿的吉服褂。

　　图 5-29 所示褂明显宽大，构图浓密规整，工艺精细达到极致。九层高立水，实为不惜工本之作。多年的接触使笔者感到，爱好者对于绣品的认知虽是综合

的，但都会有侧重的方面，有的人喜欢纹样内容，有的人更重视工艺的精细程度，以及构图风格、色彩搭配等。笔者个人认为，从艺术品的角度，文化内涵具有更深远的意义，所以首先构图要准确合理，绣线色彩的应用有感染力。当然，绣线行针的角度、针距、针脚排列也是绣品质量必不可少的条件，图案密密麻麻会导致视觉上的混乱和缺乏层次感，不能突出主题，这种现象是多数清晚期绣品的误区。

图 5-29 石青色灯笼纹刺绣八团花卉纹吉服褂（清中晚期）
身长 144 厘米，通袖长 186 厘米，下摆宽 122 厘米

　　花卉纹应该是镇国公夫人及以下命妇穿用，因为不受典章的限制，花卉纹很多，题材也很丰富，花草、蝴蝶、福寿应有尽有（图 5-30）。因为缂丝和妆花工艺都是在织机上完成的，图案、色彩等有固定的版本限制，对于工作场地和环境也会有一定的要求，但是在工艺上一旦确定，能有比较稳定的质量，可以长期批量地生产。而刺绣工艺可以在面料上随意修改和更换图案、色彩等，工作环境基本没有要求，但是这种随意、灵活的工作环境，很难保证稳定的产品质量。

　　图 5-31 所示褂除了八个团花以外，其他部分也绣有图案，整体更显华丽。这种褂在穿用规范方面对于全身有没有图案、用什么花卉纹样没有规定，但必须是石青色。因为这种褂要套在外面，所以明显肥大。为了穿着方便，左右开襟也特别高，有的开到离袖窿约 10 厘米处，袖窿平直袖也很肥大（图 5-32）。

团鹤纹是清代晚期宫廷服装常用的纹样，由于清代文官一品官补是仙鹤纹，也有人把这种团鹤八团吉服褂叫做一品夫人褂（图5-33~图5-38）。但在清代典章中没有记载，应该只是对于美好的想象。因为这款服装一般只有宫廷女眷穿用，工艺都很规范、精细，而且大部分都是京绣风格。

宫廷女性有典章规定的服装多数长到脚面，一般穿在外面的女装左右两侧都有约65厘米高的开裾。套在里面的长款女装一般没有开裾，如衬衣等俗称一裹圆。

图 5-30 石青色缎蝴蝶牡丹花卉纹吉服褂（清中晚期）
身长 140 厘米，通袖长 183 厘米，下摆宽 114 厘米

图 5-31 石青色缂丝八团花卉纹吉服褂（清中期）
身长 133 厘米，通袖长 178 厘米，下摆 100 厘米

图 5-32 石青色缂丝八团花卉纹吉服褂（清中晚期）
身长 141 厘米，通袖长 192 厘米，下摆宽 113 厘米

图 5-33 石青色纳纱绣八团仙鹤纹吉服褂料（清晚期）
身长 283 厘米，宽 126 厘米

图 5-34 石青色缎地八团仙鹤纹吉服褂（清晚期）
身长 139 厘米，通袖长 185 厘米，下摆宽 112 厘米

图 5-35 石青色绸地八团仙鹤纹吉服褂（清晚期）
身长 136 厘米，通袖长 176 厘米，下摆宽 110 厘米

图 5-36 石青色纳纱绣八团仙鹤纹吉服褂（清晚期）
身长 140 厘米，通袖长 186 厘米，下摆宽 106 厘米

图 5-37 石青色缎地刺绣八团仙鹤纹吉服褂（清晚期）
身长 141 厘米，通袖长 198 厘米，下摆宽 120 厘米

图 5-38 石青色缎地刺绣八团仙鹤纹吉服褂（清晚期）
身长 140 厘米，通袖长 198 厘米，下摆宽 116 厘米

乾隆以前，宫廷服装中妆花工艺的比例明显占多数。随着刺绣工艺的快速发展，到清中晚期，这种宫廷袍褂多数是刺绣，其次是缂丝工艺，妆花工艺基本绝迹。这种现象除了时尚的原因以外，制作成本也是主要因素之一（图 5-39、图 5-40）。

图 5-39 石青色缂丝八团花卉吉服褂（清中晚期）
身长 142 厘米，通袖长 190 厘米，下摆宽120 厘米

图 5-40 石青色缂丝八团花卉纹吉服褂（清中晚期）
身长 139 厘米，通袖长 190 厘米，下摆宽116 厘米

清代的蝴蝶纹样主要有两种形式，一种是比较抽象的，如图 5-41、图 5-42 所示褂的多数蝴蝶纹，蝴蝶体积较大，并有很长的翅膀，形状变化灵活多样，显得比较飘逸。一般这种蝴蝶年代相对早些，是蜀绣和苏绣常用的题材。另一种蝴蝶比较写生（图 5-41 袖端下侧），基本上是蝴蝶飞翔的形状。体积相对小，清晚期绣品蝴蝶纹多数用这种。两种蝴蝶同时出现在一件绣品里的现象很少见。在清代中晚期的满族女装之中，有很多满、汉融合的款式和纹样，比如周身的花卉、没接袖、不镶花边，是融合了汉族氅衣的风格。

图 5-41 石青色缂丝八团花卉纹吉服褂（清中晚期）
身长 139 厘米，通袖长 192 厘米，下摆宽 110 厘米

图 5-42~ 图 5-44 具有典型的苏绣风格特点，工艺非常精细、色彩饱满、构图规范而密集，但笔者对于苏绣的绣品略有自己的看法。显而易见，这种一丝不苟、密集排列的方式会因此而多耗费工时，提高成本，但在视觉上也会因为过于密集而缺乏层次感，反而感觉呆板，过于程式化。

图 5-42 石青色缎地八团花卉纹吉服褂（清中晚期）
身长 139 厘米，通袖长 190 厘米，下摆宽 116 厘米

图 5-43 石青色缂丝八团鹤纹吉服褂（清中晚期）
身长 139 厘米，通袖长 186 厘米，下摆宽 110 厘米

图 5-44 石青色缎地花卉灯笼纹吉服褂（清中晚期）
身长 142 厘米，通袖长 176 厘米，下摆宽 118 厘米

　　图 5-45 所示花卉褂主体图案为绣桃和蝙蝠，桃在这里也叫寿桃，周围的五个蝙蝠围着寿桃可称为五福捧寿。全身绣有花蝶，没有江水海牙纹。通过多年的接触笔者感觉到八团褂无论是龙纹还是花卉纹，下摆有江水海牙的远多于没有海水纹的，原因可能和二式的褂穿用的机会少有关系。

图 5-45 石青色缎地八团花卉吉服褂（清中晚期）
身长 139 厘米，通袖长 186 厘米，下摆宽 112 厘米

清代对喜字的应用和福、寿有较大的区别，福的含义是享受，寿字意为长寿，有祝愿、客套的意思；而喜字意为喜庆，多用于节日庆典、结婚生子，但按照风俗，对于喜字的应用都持谨慎的态度，因为无论是结婚还是生子，都和男女性事有关，当时封建的国人是很忌讳的，唯独在结婚的时候，无论是婚房装饰，还是衣着都习惯布满喜字，所以带有喜字的服装多为结婚时用。

根据实物看，下摆带有海水的一式褂身长约 140 厘米，一般和袍相等。但无海水纹的二式褂，无论是花卉纹还是龙纹，下摆部分明显短，这种现象应该和穿着方式有关，因为没有海水纹的褂在穿用时，一般要裸露出套在里面的龙袍等的海水江牙（图 5-46～图 5-48）。

图 5-49 所示花卉褂的款式和构图方式都和清代早期的云龙纹褂类同，差别就是团花代替了龙纹，年代和色彩也都很接近，应该和早期的龙纹褂是同时期流行或者稍晚一些。

一般早期的花型比较零碎，显得较为松散，构图也比较随意，缺乏合理性。嘉庆以后主体花型明显增大，图案数量相对减少（图 5-50、图 5-51）。这种构图效果突出主体，显得更加华丽、厚重。一直到晚清民国时期，随着湘绣、粤绣工艺的兴起，刺绣品的构图、色彩等才要求视觉上的合理性，并尽量表现得真实立体。

图 5-46 石青色缎地绣双喜花卉纹吉服褂（清中晚期）
身长 126 厘米，通袖长 176 厘米，下摆宽 100 厘米

图 5-47 石青色绸地八团仙鹤纹吉服褂（清中晚期）
身长 126 厘米，通袖长 186 厘米，下摆宽 106 厘米

图 5-48 石青色织金缎博古纹八团花卉纹吉服褂（清中晚期）
身长 132 厘米，通袖长 186 厘米，下摆宽 118 厘米

图 5-49 红色妆花缎八团花卉纹吉服褂（清中早期）
身长 137 厘米，通袖长 175 厘米，下摆宽 108 厘米

图 5-50 石青色绸地八团花卉纹吉服褂（清代中早期）
身长 138 厘米，通袖长 172 厘米，下摆宽 115 厘米

图 5-51 石青色绸地八团花卉纹吉服褂（清代中早期）
身长 135 厘米，通袖长 178 厘米，下摆宽 116 厘米

第六章
宫廷女常服

常服是后宫女子日常穿的服装。除了黄色和龙纹以外，没有典章和阶级限制，所以穿用的人多，年龄跨度大，传世数量也较多。因为主要是宫廷女性穿用，织绣工艺都很精细规范，优劣差距不大。这种宫廷服装形成年代较晚，根据色彩、构图风格等特点，几乎全部是道光以后才出现。中早期宫廷常服里这种款式很少，相关资料也很难查到。

衣服的款式都是圆领大襟，直身不束腰，身长约136厘米，大部分有挽袖和花边。穿用时一般把本来很长的袖子从里面翻折一下，翻折后袖子显得很短，有层次感。业内把这种衣服叫做氅衣，故宫也记载有这种称呼。过去北京的业内人士把这种衣服叫做旗衣，也有叫格格服的。

一、氅衣和衬衣

相关资料和传世品中，没有清代早期的文字图片或传世实物，所以这种款式的宫廷女装形成年代比较晚。工艺全部是刺绣或缂丝和少量提花的，很少看到妆花工艺的氅衣（图6-1）。

图 6-1 凤纹氅衣
（周汛《中国历代服饰》第 274 页）

（一）宫廷氅衣

多数氅衣明显比较肥大，一般腰宽约75厘米，两边开裾，袖子也肥大，带有挽袖。应该是套在外边穿的，衣服大多数都有花边和挽袖。因为两侧开裾很高，花边几乎和托领相接，所以多数花边几乎把整个衣服围绕起来，挽袖也要比汉式挽袖宽一倍左右。挽起袖口时织绣的图案一半露在外面，一半在袖口里面。

图6-2所示整件氅衣和花边、袖子上都绣有各种不同姿态的白色仙鹤纹样及五彩云纹。绣工华丽精细，品相完好，是宫廷氅衣中的精品。明清时期对于仙鹤纹的赞美很多，一品文官用仙鹤纹补子，这在一定程度上也提高了仙鹤的身价，在中国古代的民间传说中，仙鹤被誉为高雅、长寿的象征。如松鹤延年、松鹤同春等，寓意都是长寿的意思。另外还有贤惠、贤德等说法。

图 6-2 蓝色缎地绣百鹤云纹氅衣（清中晚期）
身长 141 厘米，通袖长 180 厘米，下摆宽 119 厘米

在宫廷的氅衣中，绣八团花卉的很少，八团人物的更不多见。图 6-3 所示氅衣纹样的构图用八团人物故事，内容是郭子仪祝寿，但款式是标准的满族氅衣，这说明满、汉民族文化的相互影响，也是满、汉融合的表现。

图 6-3 红色缎地绣八团人物故事氅衣（清晚期）
身长 132 厘米，通袖长 172 厘米，下摆宽 108 厘米

图 6-4～图 6-6 所示氅衣从花卉构图到缝制工艺都非常精细，体现了宫廷服装的不惜工本。可以想像在穿上这种衣服，坐、立、行走，甚至于言谈举止间，都会有板有眼，仪容端庄。

图 6-4 蓝色缂金丝兰花纹氅衣（清晚期）
身长 141 厘米，通袖长 184 厘米，下摆宽 114 厘米

图 6-5 黄色缂丝花蝶纹氅衣（清中晚期）
身长 140 厘米，通袖长 173 厘米，下摆宽 115 厘米

图 6-7 所示氅衣纳纱工艺精细、构图规范，题材是绣葫芦万代纹。葫芦纹在清代有招财进宝（谐音"福禄"）等含义，"葫芦蔓带"也代表子孙万代，清代很多女装用葫芦万代的纹样。

岁寒三友指松树、梅花和竹子，是清代常用的的图案，再绣上仙鹤，应该是庆典场合好朋友赠送的贺礼（图 6-8）。

图 6-6 红色刺绣花卉纹氅衣（清晚期）
身长 136 厘米，通袖长 174 厘米，下摆宽 110 厘米

图 6-7 红色纳纱绣葫芦万代纹氅衣（清晚期）
身长 134 厘米，通袖长 176 厘米，下摆宽 113 厘米

图 6-8 绿色绸绣松梅竹百鹤纹氅衣（清晚期）
身长 138 厘米，通袖长 175 厘米，下摆宽 116 厘米

　　衣服上的纹样寓意，多是平安、吉祥、多子、多福等。蝴蝶在葫芦秧苗间穿行，葫芦在清代晚期有多子多孙的含义，表现葫芦秧向远处攀爬的形状，有子孙万代延续不断的意思（图 6-9）。

　　清代晚期很多氅衣和衬衣的纹样多用蝴蝶、寿字等，蝴蝶和花卉称"蝶恋花"，全部是蝴蝶称"百蝶"，寿字叫"百寿"，蝙蝠和桃子叫"福寿"，有很多的吉祥寓意，如万寿、万福、多子、多福等，且无论哪种花卉搭配，都能解释成吉祥的意思（图 6-10）。

图 6-9 红色绸地绣葫芦万代纹氅衣（清晚期）
身长 137 厘米，通袖长 170 厘米，下摆宽 118 厘米

图 6-10 粉色缂丝蝶恋花纹氅衣（清晚期）
身长 140 厘米，通袖长 120 厘米，下摆宽 100 厘米

　　宫廷女式衬衣和氅衣的花纹多以小碎花为主，工艺主要是刺绣和缂丝。所看到的实物年代都比较晚，各种款式和工艺风格没有太大的变化（图 6-11）。

　　大约到清代晚期，传说蝴蝶代表着爱情，也有繁衍生息的含义，所以作为女装的氅衣和衬衣，织绣图案多数都有蝴蝶纹（图 6-12）。

图 6-11 红色绸地花蝶纹氅衣（清晚期）
身长 134 厘米，通袖长 176 厘米，下摆宽 113 厘米

图 6-12 蓝色缎地百蝶纹氅衣（清晚期）
身长 129 厘米，袖长 160 厘米，下摆宽 53 厘米

图 6-13 所示这类氅衣没有典章限制，宫廷后妃、福晋、夫人等所有宫中女性都能穿用。20 世纪 80 年代初笔者认识一个在解放前就研究古代织绣服装的师傅，他把这种服装叫做旗衣，把这种刺绣工艺叫做旗绣，他说的旗绣就是现在人们说的京绣。

图 6-13 红色绸地绣花卉纹氅衣（清晚期）
身长 138 厘米，通袖长 186 厘米，下摆宽 98 厘米

清代葫芦纹样意为多子多孙，这种风俗始于汉族文化，一般在结婚时必不可少地会有多子多孙、传宗接代的寓意。到清代晚期，由于多年的相互交流影响，很多原来纯属汉族的文化也在不经意间被其他民族接纳应用（图6-14）。

图 6-14 红色缂丝葫芦万代纹氅衣（清中晚期）
身长 138 厘米，通袖长 188 厘米，下摆宽 102 厘米

　　严格地说，把织绣品列在古玩行业很勉强，特别是宫廷服装。只能把它们销售给收藏爱好者和专业的博物馆，而往往这些人买回去的东西就不会再进入市场，根本没有形成完整的市场流通（图6-15、图6-16）。

图 6-15 红色缎地蝶恋花纹氅衣（清晚期）
身长 134 厘米，通袖长 168 厘米，下摆宽 100 厘米

因为服装肥大且长，有很多人对清代宫廷女性的身高有误解，认为当时的人身材高，否则这样的衣长无法穿用。实际上清代汉族妇女的脚是不能显露在外的，她们穿的裙子一般是拖地的，多数宫廷妇女穿的是高跟的船鞋，一般要求是宁长勿短，所以袍服较长也就不足为奇了。在传世实物中还有的把腰部折缝起来，使身长短一截，原因是衣服图案、尺寸基本是统一的，如果穿用的人矮小，折上一截才能穿用（图6-17、图6-18）。

图 6-16 紫色绸地绣花卉边饰氅衣（清晚期）
身长137厘米，通袖长160厘米，下摆宽105厘米

图 6-17 绿色提花绸氅衣（清晚期）
135厘米，通袖长170厘米，下摆宽115厘米

爱美是人的天性，社会越是发达富有，对于美的追求越是强烈。所以服装设计从无到有，从业人员越来越多，长短肥瘦、赤橙黄绿青蓝紫，设计者绞尽脑汁，标新立异，只为把穿着者装扮得更加美丽。几百年过去了，这些华丽又不失典雅的宫廷服装，仍然是无可替代的艺术品（图 6-19~ 图 6-24）。

图 6-18 雪青色提花绸氅衣（清晚期）
身长 135 厘米，通袖长 168 厘米，下摆宽 116 厘米

图 6-19 蓝色绸地绣兰草花蝶纹氅衣（清中晚期）
身长 135 厘米，通袖长 170 厘米，下摆宽 115 厘米

图 6-20 紫色绸地团鹤花边氅衣（清晚期）
身长 136 厘米，通袖长 180 厘米，下摆宽 116 厘米

图 6-21 棕色提花缎地氅衣（清中晚期）
身长 136 厘米，通袖长 170 厘米，下摆宽 118 厘米

图 6-22 红色刺绣百蝶纹氅衣（清代晚期）
身长 136 厘米，通袖长 156 厘米，下摆宽 110 厘米

图 6-23 红色缎地绣花卉纹氅衣（清晚期）
身长 139 厘米，通袖长 185 厘米，下摆宽 100 厘米

图 6-24 红色戳纱绣蝶恋花纹氅衣（清晚期）
身长 138 厘米，通袖长 198 厘米，下摆宽 98 厘米

多数清代晚期的氅衣和衬衣的袖子需要折返重叠一部分，如果把袖子部分全部展开，会因为太长而比例失调，而重叠部分往往根据穿着者的爱好差距较大，所以整体感觉袖口部分稍宽，且长短不一（图 6-25）。

（二）宫廷衬衣

氅衣和衬衣的区别是，衬衣下摆没有开裾，左侧没有花边，袖子也较瘦。而氅衣两侧有很高的开裾，大部分两侧都有相对称花边。总之，有开裾的叫氅衣，没有开裾的叫衬衣。宫廷的衬衣是到脚面的长衣服，圆领大襟不束腰。有肥瘦两种类型，两个类型的差距较大，瘦的一般腰宽约 50 厘米，肥的腰宽约 75 厘米，衣身长基本相同，约 140 厘米。宫廷女眷将其与褂襕等配套穿用，多数穿用时要有外套，而氅衣一般作为外套穿用（图 6-26~ 图 6-28）。

20 世纪 90 年代中期，当时笔者基本确定了收藏目标，自觉对织绣品有了一定的了解，并有了部分藏品。笔者和夫人怀着远大而美好的理想，专程到南

图 6-25 红色戳纱绣蝶恋花纹氅衣（清晚期）
身长 138 厘米，通袖长 198 厘米，下摆宽 100 厘米

方一个著名的织绣城市参观博物馆。第一天到达后已经较晚，找个旅店住下，第二天很早笔者就去博物馆，联系工作人员并让他们看笔者藏品的图片。当时的馆长、主任都非常客气，亲自带领笔者参观博物馆，并共进午餐。说实话，笔者为他们的热情而感动，更为空空如也的馆藏、工作人员对宫廷织绣品的无知而失望。

笔者总认为，丝绸、织绣工艺是国人最值得在世人面前骄傲的传统工艺。有关纺织历史的研究机构也数不胜数，专家更是多如牛毛，但真正静下心来认真研究的能有多少？国家不惜代价地支持，专家常年累月地研究，科研项目不计其数，专著、论文不断发表，可日久天长，阅读多了你会发现，它们题目不同，格式基本近似。研究成果细致入微，整体理论没有一点问题，尺寸可以准确到毫米，经纬组织可以精确到微米，更是考证历代古人对某种工艺的评价。但却缺少对标本与文献相结合重视实物的二重证据研究。

衬衣的全身用织金工艺，菊花纹样一般是年龄较大的人穿。图 6-29 所示衬衣品相完好，花边和挽袖的刺绣工艺非常精细，是典型的清代晚期宫廷后、妃等穿用的常服。

（a）正面

（b）背面

图 6-26 雪青色戳纱金凤纹衬衣（清晚期）
身长 140 厘米，通袖长 166 厘米，下摆宽 118 厘米

图 6-27 香黄色缎地花卉纹衬衣（清晚期）
身长 138 厘米，通袖长 166 厘米，下摆宽 102 厘米

图 6-28 黄色缎地打籽绣花卉纹衬衣（清中晚期）
身长 138 厘米，通袖长 168 厘米，下摆宽 112 厘米

图 6-29 紫色织金缎菊花纹衬衣（清晚期）
身长 135 厘米，通袖长 185 厘米，下摆宽 100 厘米

根据一些图片资料推断，衬衣可能分别有两种不同的穿法，肥形的是穿在外面的，瘦的是和褂襕配套穿用。所以一般肥大的全身都有刺绣工艺，而瘦的除了有绣花边以外，多数通身没有刺绣工艺（图 6-30）。

在清代女装中，满族和汉族有明显的差别。满人的氅衣身长一般在四尺左右，而汉式氅衣身长在三尺三寸以内，多数在款式、构图等方面都有自己的风格。但是图 6-31、图 6-32 所示衬衣除了身长以外，款式和纹样更近似于汉式氅衣。晚期有一些女装的款式和纹样都有满汉融合的迹象，宫廷女装的马蹄袖越来越宽、比较平直等，这些都是满汉相互影响的结果。

图 6-30 红色缂丝花卉纹衬衣（清中晚期）
身长 141 厘米，通袖长 180 厘米，下摆宽 106 厘米

图 6-31 绿色缎地刺绣福寿纹衬衣（清中晚期）
身长 132 厘米，通袖长 168 厘米，下摆宽 111 厘米

图 6-32 红色缎地五彩绣花卉纹衬衣（清中晚期）
身长 138 厘米，通袖长 188 厘米，下摆宽 112 厘米

　　图 6-33 所示衬衣没有花边，主体多为菊花图案，色彩搭配素雅，风格明显适合年龄大的长者穿用。

　　衬衣的流行年代、工艺特点等都和氅衣相同，款式也没有太大的区别，最大的不同是氅衣左右都有很高的开裾，而衬衣不开裾，多数氅衣领袖、下摆及两侧都有花边，衬衣右侧无花边，俗称一裹圆。

图 6-33 淡青色缂丝菊花蝴蝶纹衬衣（清中晚期）
身长 140 厘米，通袖长 180 厘米，下摆宽 118 厘米

兰草素有多而不乱、仰俯自如、姿态端秀、别具神韵的美称，中国自古以来对兰花就有看叶胜看花之说。它的花素而不艳，亭亭玉立，与竹、菊、梅合称"四君子"，是清代织绣品常用的图案（图 6-34）。

衬衣大部分款式是瘦型，笔者曾经让人试穿过，瘦型的衬衣外面套上褂襕很合适，应该是和褂襕配套穿用的（图 6-35）。宫廷衬衣肥瘦差距很大，也有胸围肥瘦和氅衣类似的情况，相差约 70 厘米，且造型相同。

图 6-36 所示衬衣绣工和色彩的应用都非常精细合理，红绸地色上绣蓝绿两种兰花，空白处用平金工艺绣黄金色团寿字，再加上绣有相同纹样的石青色花边，衬托白色栏杆，给人一种高雅华贵的感觉。

图 6-37 所示衬衣全身只绣有蝴蝶纹样，通常人们把这种形式叫做百蝶。清代晚期宫廷很多绣品都绣蝴蝶纹，是京绣常用的纹样，据说这与慈禧太后喜欢蝴蝶有关。

刺绣工艺从古至今始终都在流行，单在工艺细腻、不惜工本的程度上，明代万历到清代雍正时期达到顶峰。之后随着刺绣产业的高速发展，竞争日益激烈，成本的因素也随之加强。缝制工艺同样自古有之，和人类文明同步发展，但手工缝制产业的顶峰应该在清末到民国时期。其间各种形式的裁缝店铺能普及到村镇，从业人员也成倍增加，很多缝制、裁剪工艺达到极致。以后随着工业化的发展，很多手工艺被逐渐忽略或取代（图 6-38～图 6-42）。

图 6-34 紫色绸地绣兰草纹衬衣（清中晚期）
身长 140 厘米，通袖长 186 厘米，下摆宽 114 厘米

图 6-35 粉色织锦缎花卉纹衬衣（清代晚期）
身长 136 厘米，通袖长 156 厘米，下摆宽 110 厘米

图 6-36 红色绸地刺绣兰花寿字纹衬衣（清晚期）
身长 136 厘米，通袖长 156 厘米，下摆宽 98 厘米

图 6-37 绿色绸地绣蝴蝶纹衬衣（清晚期）
身长 135 厘米，通袖长 160 厘米，下摆宽 90 厘米

图 6-38 红色缎地绣蝴蝶纹衬衣（清中晚期）
身长 139 厘米，通袖长 198 厘米，下摆宽 110 厘米

图 6-39 红色缎地绣菊花纹衬衣（清晚期）
身长 138 厘米，通袖长 198 厘米，下摆宽 100 厘米

图 6-40 红色缂地蝶恋花纹衬衣（清晚期）
身长 136 厘米，通袖长 166 厘米，下摆宽 102 厘米

图 6-41 浅粉色提花绸花卉纹衬衣（清晚期）
身长 139 厘米，通袖长 176 厘米，下摆宽 106 厘米

　　衬衣属于便服，花边，挽袖，花卉的纹样可以任意变化，但款式不变。图 6-43 所示这种体型瘦小身上没有刺绣工艺的应该是和褂褴配套穿的。

　　根据一些历史图片，这种通身没有织绣工艺，只有花边的氅衣或衬衣，大部分都是后宫侍女穿用，但是清代典章没有这种法规，应该只是对于主人的一种尊重习惯（图 6-44）。

图 6-42 天青色提花绸绣菊花边衬衣（清晚期）
身长 138 厘米，通袖长 176 厘米，下摆宽 103 厘米

图6-43 淡青色提花绸衬衣（清晚期）
身长 136 厘米，通袖长 165 厘米，下摆宽 90 厘米

图6-44 粉红色提花绸衬衣（清晚期）
身长 139 厘米，通袖长 185 厘米，下摆宽 100 厘米

二、褂襕与坎肩

宫廷命妇穿的长坎肩叫褂襕、圆领、无袖，和皇后朝褂近似。有前开襟的，也有大襟，有左右开衩后边不开衩的，也有后边开衩的。和氅衣、衬衣一样，是后宫妇女穿用的便服。在纹样、款式上没有典章规定，有的周身绣花卉纹，也有的只绣花边。

褂襕一词应该是满族或宫廷语言，汉族人把这种无袖的服装叫做坎肩。在清代宫廷里，这是满蒙民族女装特有的款式，一般汉人不穿。褂襕衣身长约135厘米，蒙古国也流行穿着相同款式的长坎肩，由于不知道当地的称呼，笔者也列入褂襕之列。在穿用时一般要配挂黄、石青等颜色的垂绦，使用垂绦的权限和龙袍相同，不同颜色代表不同的阶层。

褂襕的款式和朝褂相同，不同的是，朝褂是龙纹，用不同的龙纹代表阶层，清代典章有明确规定，是在正式场合穿用的外套。

（一）褂襕

这种褂襕的刺绣和缝制工艺都很精细，应是宫廷流落到社会上的物品。据调查，宫廷绣品流传到社会上的途径是多方面的。首先是以赏赐的形式获得的，据说清朝历代皇帝对藏、蒙的寺庙都有大量的赏赐，其中各种织绣品占有很大部分。所以近些年社会上流传的宫廷服装大部分来自我国西藏及蒙古国（图6-45）。

（a）正面　　　　　　　　　（b）背面

图 6-45 淡青色提花绸绣百蝶花边褂襕（清晚期）
肩宽42厘米，身长138厘米，下摆宽98厘米

图 6-46 所示坎肩来自蒙古国乌兰巴托，笔者不知道当地人把这种服装叫做什么。其款式和宫廷朝褂大同小异。名贵的全织金面料，显得庄重富丽。这种织金锦蒙语叫"纳石失"（口语），汉语称"织金锦"，其款式和工艺上都具有蒙古服饰的代表性。

桃和牡丹的图案在清代刺绣服饰中经常出现，所谓寿桃是长寿的意思，牡丹是富贵的意思，加在一起就是富贵长寿。这种图案在清代中晚期的绣品中应用很多，一般是在生日祝寿时穿用（图 6-47、图 6-48）。

（a）正面　　　　　　　　　　　　　（b）背面

图 6-46 织金锦地寿字花卉纹蒙古族褂襕（清晚期）

身长 136 厘米，下摆宽 122 厘米

长坎肩工艺有粗工和细工两种，并且差距较大。一种工艺、色彩和宫廷里的绣品没有区别。还有一种工艺明显粗糙，这种风格的长坎肩大部分是内蒙古东部的奈曼旗和周边地区，色彩是大红大绿，多数是大襟的。据当地人说，这种坎肩的产地大部分是江苏扬州地区，应是地方上使用的绣品（图 6-49）。

内蒙古东部的奈曼旗、库伦，辽宁的阜新以及西藏、青海等地都有这种长坎肩。笔者现在看到的这些褂襕，大部分来自上述地区。样式和尺寸都和宫廷褂襕近似，但年代较晚、传世量大、工艺明显粗糙、色彩也很艳丽，从构图到绣工均不甚严谨，综合看应该是地方作坊的绣品。20 世纪 90 年代前后，笔者曾经向内蒙古奈曼旗姓白的两兄弟买过很多此类绣品。

图 6-47 黑色缎地刺绣福寿纹褂襕　　图 6-48 黑色缎地刺绣花卉纹褂襕（清晚期）　　图 6-49 黑色缎地刺绣花卉纹褂襕（清晚期）
身长 126 厘米，肩宽 38 厘米，下摆宽 98 厘米　　身长 125 厘米，肩宽 38 厘米，下摆宽 96 厘米　　身长 128 厘米，肩宽 36 厘米，下摆宽 98 厘米

（二）坎肩

由于清代有小套大、短套长的习俗，无袖的服装种类较多。铠甲、女朝褂、紧身等都属于这类服装。整体看分长、短两种，两种款式在使用目的和场合上完全不同，长短差距很明显，长款一般长 120 到 140 厘米，短款一般长 60 到 80 厘米。短坎肩应用范围很广，宫廷和地方的男女都有穿用。清代宫廷把这种短坎叫做"紧身"，汉人叫做"坎肩"。

坎肩也叫马甲、背心、紧身等，是宫廷和地方相通的服装。贵族和百姓都能穿，数量和品种也很丰富。主要的款式有琵琶襟、一字襟、对襟、大襟等。因为清代坎肩是套在衣服外面的，袖窿都很大，两肩和胸部比较瘦。

突出的特点就是对花边的装饰，尽量突出坎肩的轮廓线条。花边大部分带有精致的刺绣工艺，外部边缘讲究用不同颜色的绸缎镶边。最多用五层，花边里边还要使用一两层绦子。这种款式极具变化的短外套，到民国时期也很盛行。清代的坎肩男女都穿，局部变化也较多，前后左右都有短开裾的叫四开裾，正面系扣的叫前开襟，从一侧系扣的叫大襟，下摆少一块的叫琵琶襟，前胸有一排扣、两侧也分别有扣的叫一字襟（因为一共十三对扣，也有人叫十三太保）。

1. 琵琶襟

大襟、右下角缺一块的款式叫琵琶襟。缺的这一块使坎肩的线条更具有变化，让花边多几道弯，使线条更有动感。表现出不对称的美，在视觉效果上较为流畅。多数坎肩并不太重视刺绣工艺，但对花边的线条和色彩都很讲究。有单层、两层，多数是镶三层边，最讲究的有五层镶边（图6-50～图6-54）。

图6-50所示坎肩构图和刺绣工艺都很精细，淡青地绣五彩牡丹花卉、用三蓝绣花边。色彩搭配协调、轮廓分明、整体线条流畅。

图 6-50 淡青色琵琶襟坎肩（清中晚期）
身长 63 厘米，肩宽 40 厘米，下摆宽 65 厘米

图 6-51 橘红色刺绣琵琶襟坎肩（清晚期）
身长 62 厘米，肩宽 40 厘米，下摆宽 66 厘米

图 6-52 雪青色绣花卉纹琵琶襟坎肩（清中晚期）
身长 60 厘米，肩宽 36 厘米，下摆宽 65 厘米

图 6-53 百纳琵琶襟坎肩（清晚期）
身长 62 厘米，下摆宽 68 厘米

图 6-54 蓝色提花绸地琵琶襟坎肩（清晚期）
身长 70 厘米，下摆宽 62 厘米

2. 大襟

大襟的坎肩和琵琶襟基本相同，区别是大襟不缺，有的在前襟加如意头，使得线条轮廓清晰，更有特点。

图 6-55 所示坎肩是前后左右四开裾、没有刺绣工艺，用多层栏杆，这就使得镶边很宽，以此用来突出坎肩轮廓的线条。前开裾的部分用栏杆组成一个如意头形状，以填补坎肩正中间的空白，这种四开裾的款式比较少。

图 6-56 所示坎肩采用金丝、银丝、彩色金线完成，平金工艺非常精细。构图也很有特点，中间一枝花的主题突出，和围边的各色菊花相对应，加上满平金小碎花的衬托，很显坎肩的华贵高雅。

图 6-55 紫色绸地前后开襟坎肩（清晚期）
身长 77 厘米，肩宽 41 厘米，下摆宽 80 厘米

图 6-56 蓝色平金绣侧开襟坎肩（紧身、清晚期）
身长 60 厘米，肩宽 42 厘米，下摆宽 68 厘米

图 6-57、图 6-58 所示坎肩没有刺绣工艺，但是尽量用反差较大的花边和栏杆，同样具有流畅的线条和较好的视觉效果。在众多的款式中，侧开襟坎肩的数量较多，这种现象应属正常。主要是适应的人群多，满汉都用，年龄跨度也相对大，老少皆宜。

图 6-57 蓝色提花坎肩（清晚期）
身长 75 厘米，肩宽 42 厘米，下摆宽 78 厘米

图 6-58 绿色提花大襟坎肩（清晚期）
身长 76 厘米，肩宽 45 厘米，下摆宽 75 厘米

3. 对襟

　　对襟坎肩的袖窿部分很大，视觉上相对瘦长，镶边、栏杆的做工规范。多层的花边几乎把坎肩的大部分占满，多数没有刺绣工艺，但花边线条流畅整齐，视觉也雅致（图 6-59、图 6-60）。

图 6-59 蓝色对襟坎肩（清晚期）
身长 76 厘米，肩宽 44 厘米，下摆宽 76 厘米

图 6-60 对襟坎肩（清晚期）
身长 75 厘米，肩宽 43 厘米，下摆宽 90 厘米

4. 一字襟

一字襟坎肩的正面和背面完全用纽扣连接，具体连接方法是下摆左右各用三对扣子相连，胸前靠近脖颈处共计均匀排列七对纽扣，两边分别有三对、正中间一对。因为一共有十三对扣子，也有人把这种款式叫做十三太保（图6-61~图6-63）。

图6-61 百纳一字襟坎肩（清晚期）
身长65厘米，下摆宽60厘米

图6-62 蓝色提花绸一字襟坎肩（清晚期）
身长65厘米，下摆宽62厘米

图6-63 石青色拉锁绣一字襟坎肩（清晚期）
身长60厘米，下摆宽56厘米

第七章

汉人命妇

清代典章规定，除了皇家宗室、地方各级品官的区分以外，只要是朝廷命官，无论是满人还是汉人都穿龙（蟒）袍。由于清代实行"男从女不从"的政策，在款式上，男式龙袍满人和汉人之间没有区别，而女龙袍却有很大差别。当然，这里指的是清代法定的服装。这种现象也是和清代早期的服饰制度有关。满清入关后，顺治二年，开始推行剃发等满族服装制度，统一官服的法制。结果遭到了人口占绝对多数的汉人的抵制。在不得已的情况下，满清政府采取妥协的办法，民间长期以来流传有"十从十不从"的说法，其中包括"男从女不从"。因为汉人在中国人口中占绝大多数，在朝廷为官的人很多，这群汉人命妇的穿着基本是随意状态，根据一些历史图片综合显示，在正式场合，下身基本都穿各式裙子，上身可以随意穿三种服装：汉式女龙袍（女蟒）；官服（品级随其丈夫）；霞帔（套在汉式女蟒外面）。

由于各地区的风俗习惯、民族信仰，甚至气候差别等原因，不同地区、民族的服装在款式、色彩上也存在很大差别。前文笔者已介绍过宫廷和官用服装，这里只把清代汉人命妇的服装做一介绍。

一、汉式女龙袍

汉式女龙袍在业内也叫女蟒，款式基本延续了明代的风格，穿法上和满族女装相差很多。汉族的女蟒袍身长一般三尺三寸，比宫廷的龙袍短约一尺左右，没有托领、马蹄袖和接袖，而是大襟、圆领、宽袖。前、后面各有品字形三条龙，两肩各一条龙，袖子两端的背面各加了一条龙，底襟里没龙，全身十条龙，下摆有海水江牙。这种女蟒流行区域很广，传世量也很多。绝大多数是红色，其他颜色很少。晚期的汉式女龙袍刺绣工艺较多，有少量的缂丝，一般妆花和织锦工艺的年份相对较早。

汉式女龙袍绝大多数是品字形排列的龙纹，也有少数绣过肩龙的。身长到膝盖左右，因为当时女人的脚是不能外露的，所以下身和裙子配套穿用。在各种礼仪等正式场合穿着时外罩霞帔，霞帔的作用相当于满族女人的朝褂。

汉式女龙袍传世较多，各种工艺粗细差距很大，这种现象应属正常。一方面，汉族人口众多，分布区域广大，各种质量的市场需求必然随之增多。另一方面，相同款式、纹样和年代，也有一部分的袍服不是汉式女龙袍，而是神衣，如做工粗糙、构图不规范、麻质衬里等都有可能是神衣。

刺绣工艺的汉式女龙袍多数年代较晚，图案、色彩、云龙纹样等风格的变化和男龙袍一样，主要由龙纹、云纹加上八仙、八宝等图案组成，下摆有山水纹样。所不同的是宽袖，没有托领、接袖和马蹄袖（图7-1～图7-3）。

图 7-1 红色缎地刺绣汉式女龙袍（清中晚期）
身长 110 厘米，通袖长 192 厘米，下摆宽 112 厘米

图 7-2 红色缎地刺绣汉式女龙袍（清晚期）
身长 112 厘米，通袖长 192 厘米，下摆宽 116 厘米

　　汉式女龙袍的正面加上两肩能看见五条龙，还有两条龙分别在背面的袖端，把重要的图案放在袖口的背面是宽袖服装的一个特点。包括挽袖等也多数是图案在背面，因为宽袖服装双手合在正面时，暴露最多的是袖子的背面（图 7-4）。

图 7-3 红色绸地刺绣汉式女龙袍（清晚期）
身长 110 厘米，通袖长 182 厘米，下摆宽 108 厘米

（a）正面

(b) 背面

图 7-4 红色刺绣汉式女龙袍（清晚期）

身长 110 厘米，通袖长 186 厘米，下摆宽 108 厘米

　　图 7-5、图 7-6 这两件汉式女龙袍袖子部分明显延续了明代官服刀袖的风格，比较典型地体现了汉人复古的思想观念。汉式女蟒的身长之所以短，是因为在风俗上，清代汉族女人的脚近似于胸，一般是不能外露的，穿龙袍或氅衣时，下身一定配穿裙子。

图 7-5 红色缎地刺绣汉式女龙袍（清晚期）

身长 116 厘米，通袖长 182 厘米，下摆宽 110 厘米

图 7-6 红色缎地刺绣汉式女龙袍（清晚期）
身长 108 厘米，通袖长 162 厘米，下摆宽 102 厘米

　　图 7-7 汉式女龙袍年代较早，刺绣风格与以上几件有明显区别、绣线较粗。笔者曾经询问过有经验的刺绣艺人，得知此类工艺所用的工时大概是宫廷龙袍的四分之一。蓝色深浅反差很大、立水用横向行针的方法，综合看工艺应该是年代较早的蜀绣风格。

图 7-7 红色缎地刺绣汉式女龙袍（清中晚期）
身长 110 厘米，通袖长 152 厘米，下摆宽 100 厘米

汉式全平金女龙袍年代一般都在光绪时期，特点是立水很高、龙纹的比例较小、工艺比较细（图7-8、图7-9）。因为年代晚，流行区域不大，主要在山西北部的忻州地区流行。

图7-8 红色全平金绣汉式女龙袍（清晚期）
身长106厘米，通袖长148厘米，下摆宽98厘米

图7-9 红色缂丝汉式女龙袍（清晚期）
身长110厘米，通袖长182厘米，下摆宽105厘米

图 7-10 所示女龙袍用较厚的毛质绒布做面料，构图规范，工艺精细。龙纹的须发用孔雀羽毛绣成，前胸和后背采用过肩龙的形式，这种构图方式很少见。典章规定七品官的龙纹用这种方式，有可能这件女蟒是七品官夫人穿用的。

(a) 正面

(b) 背面

图 7-10 红色绒地刺绣过肩龙纹汉式女龙袍（清中期）

身长 115 厘米，通袖长 176 厘米，下摆宽 105 厘米

乾隆以后，汉式女龙袍刺绣工艺较多，也有少量的缂丝工艺，妆花工艺基本消失。一般妆花工艺的年份相对较早，传世数量也相应的少（图 7-11、图 7-12）。

图 7-11 红色妆花缎云龙纹汉式女龙袍（清早期）
身长 121 厘米，通袖长 190 厘米，下摆宽 112 厘米

图 7-12 红色妆花缎汉式女龙袍（清代早期）
身长 126 厘米，通袖长 180 厘米，下摆宽 112 厘米

　　无论是宫廷织绣服装还是地方官服龙袍、甚至民间的织绣品，清雍正以前的织锦、妆花工艺明显多于刺绣工艺。这种现象可以贯穿整个织绣服饰领域，一些相关出版物上也能体现。乾隆以后，刺绣工艺的服饰迅猛发展，从总的比例上看明显占主流的地位，妆化工艺的服饰则明显减少。

　　中晚期也有妆花龙袍，大部分是杭州或苏州产品，数量也较少。一直到清光绪、织锦、织纱的龙袍开始增多，但已经不是人工抛梭的妆花工艺，而是具有一定机械化成分的全新的织锦工艺。这种龙袍一般是绸或纱，不用缎纹，大部分是蓝或紫色。

上述织锦的发展轨迹，在清代织绣史上能够明显体现，灵活多变的刺绣对织锦服饰形成威胁，刺绣服饰增多而织锦服饰逐渐减少。因此说，织锦服饰衰落之时，也正是刺绣行业发展兴盛的阶段（图 7-13~ 图 7-16）。

图 7-13 红色缎地云龙纹宽袖汉式女龙袍（清代早期）
身长 120 厘米，通袖长 192 厘米，下摆宽 118 厘米

图 7-14 红色妆花缎女蟒袍（清代中早期）
身长 116 厘米，通袖长 192 厘米，下摆宽 118 厘米

图 7-15 红色全平金过肩龙纹女蟒袍（清代中早期）
身长 116 厘米，通袖长 190 厘米，下摆宽 114 厘米

图 7-16 红色全平金女蟒袍（清代晚期）
身长 110 厘米，通袖长 182 厘米，下摆宽 108 厘米

二、霞帔

霞帔的称呼由来已久，据说宋代就有这种物品，但真正有记载的应该始于明代。明代霞帔宽约 14 厘米、长约 150 厘米带有织绣工艺的长条带子，穿用时披在肩上。

清代霞帔为圆领、对襟、无袖，身长约 110 厘米，下摆宽约 65 厘米，绣云龙纹镶片金边的长坎肩。一般正面两条行龙，背面一条正龙，胸前背后饰补子，下摆有流苏。早期的霞帔款型比较瘦长，一般没有流苏，从肩到下摆成一条直线，晚期身长较短，下摆相对宽，袖窿部分轮廓明显，多数配有流苏。使用的场合等同于满人的朝褂，是汉族命妇在各种礼仪场合穿用的外套。

霞帔是纯粹汉族女性穿的服装，一般满人不穿，作用等同于官服和满族命妇的朝褂。其能够显示穿着者的身份，补子的品位代表本人或者其丈夫官职，在正式场合穿着时套在汉式女蟒袍的外边。此类服装得以保留，是清代政府在服饰制度上对汉族传统服装的妥协。这种满汉、男女服装的不统一，使得本来就很繁锁的服饰变得更为复杂。按清代典章霞帔应该是石青或蓝色，但清早期的霞帔也有红色，这种现象可能和汉人当时还在崇尚明代的红色有关。和其他清代的宫廷服装相同，一般年代较早的霞披大部分工艺精细规范，同时不符合典章的现象也会比较多，这种现象应属正常。每一个朝代的更迭，都会有这样一个逐步完善的过程。

妆花工艺的霞帔传世很少，几乎都是清代早期的。从传世的实物看，到清代中晚期，妆花工艺的霞帔基本绝迹，全部被刺绣和缂丝工艺所取代。清代中期以后，霞帔的整体数量在快速增加，而工艺粗细的差距也越来越大。

图 7-17 所示霞帔肩至下摆成一条直线，龙纹、云纹的构图规范，说明年代较早。孔雀纹的补子应是三品命妇穿用的。

霞帔是一种装饰性很强的服装，多数两侧不缝合，而是用两条布带连在一起。穿在身上等于正面两片，背面一片。用正面两片搭在肥大的汉式蟒袍上，部分蟒袍还是露在外面的，再加上下面的流苏，使本来就很繁琐的服装更加复杂。

传世霞披多数是石青色，红色的霞披很少。龙纹翻转流畅、小眼睛、眉毛向下，少数须发卷向头顶上方，这些特点都说明年代应为雍正、乾隆时期（图7-18）。

鉴于"十从十不从"的法规，清代朝廷对霞帔没有明确的相关规定，如霞帔的款式、纹样、色彩等。但是红色霞帔的年代都在乾隆以前，以后全部是石青色，每个时段云龙等纹样的变化和龙袍基本吻合。

　　图 7-19 霞帔的立水很短、有较高的多层平水、流畅的五彩单云尾云纹，年份应为乾隆以前。

(a) 正面　　　　　　　　(b) 背面

图 7-17 红色妆花缎三品孔雀纹霞帔（清代早期）
身长 120 厘米，肩宽 52 厘米，下摆宽 74 厘米

(a) 正面　　　　　　　　(b) 背面

图 7-18 红色妆花缎霞帔（清代早期）
身长 110 厘米，肩宽 50 厘米，下摆宽 70 厘米

　　图 7-20 所示霞帔和前面几件红色的比较，应该是清代官用霞帔的一个很好的范例。霞帔整体的构图和款式稍有区别，具体的差别是，由红色改为石青色，云尾也有消失的迹象，袖窿的部分明显已经不再是一条直线，这些都说明比上几件红色的年代稍晚，但差距不会很大。

图 7-21 缂丝霞帔构图规范、色彩搭配典雅、年代应为清中晚期，在缂丝工艺的霞帔中是年代较早的。一般清晚期的霞帔身长较短，缂丝工艺优劣差距较大。

　　清代中晚期，霞披补子外围的构图开始用文官补子上的鸟纹。从实物看，有的霞披前后加在一起，从一品到九品的鸟纹都有，但多数都不齐全（图7-22）。

　　可能是受明代的条状霞帔影响，清代霞帔的整体年代演变的过程是，早期的霞帔相对瘦长，到清晚期，霞披身长明显短，下摆也相对宽。图7-23 霞帔款式和工艺都很规范，是标准的清晚期官用霞披。

　　图 7-24 和图 7-25 两件霞帔、单看云龙纹没有区别，只是图7-25 在补子的位置用了寿字。寿字纹不属于补子，有可能是祝寿时穿用的。

(a) 正面　　　　　　　　　　　　(b) 背面

图 7-19 红色妆花缎霞帔（清代早期）
身长 112 厘米，肩宽 52 厘米，下摆宽 76 厘米

图 7-20 石青色妆花缎霞帔（清代中早期）
身长 105 厘米，肩宽 50 厘米，下摆宽 72 厘米

图 7-21 石青色缂丝七品命妇霞帔（清代中期）
身长 116 厘米，肩宽 50 厘米，下摆宽 72 厘米

图 7-22 石青色缎地七品命妇霞帔
身长 102 厘米，肩宽 52 厘米，下摆宽 73 厘米

图 7-23 石青色刺绣霞帔
身长 105 厘米，肩宽 50 厘米，下摆宽 72 厘米

图 7-24 石青色全平金霞帔
身长 102 厘米，肩宽 50 厘米，下摆宽 72 厘米

图 7-25 石青色全平金寿字补霞帔
身长 103 厘米，肩宽 46 厘米，下摆宽 73 厘米

　　清代晚期的缂丝工艺大部分都有画工，比如：花卉只缂一个轮廓，花蕊、花瓣基本都是画工，还有鸟的羽毛纹和山石的纹理等多为绘画工艺。每一个色彩都用换线显示，既费工时，色差又没有画工柔和（图 7-26～图 7-33）。

　　霞帔作为群体较大的汉人命妇穿用的服装，传世较多，工艺类别、粗细差距也较大。民国以后，部分区域也有用霞帔作为丧葬服使用的，如河北、河南、山西交界的河北涉县、河南林县以及山西黎城地区，由于这些地区自古就有一批人做织绣生意，买卖估衣是这里的传统行业。笔者 20 世纪 90 年代曾多次去那里收购刺绣品，有机会和业内的人较长时间近距离地接触，了解到 20 世纪中晚期那里都有使用清代服装作寿衣的风俗，有很多人年龄并不太老就给自己准备好寿衣，而且一定是清代的或者仿制的，他们为自己拥有一套心仪的寿衣而自豪。

图 7-26 石青色缂丝霞帔　　　　　　　　图 7-27 石青色刺绣霞帔
身长 100 厘米，肩宽 48 厘米，下摆宽 71 厘米　身长 100 厘米，肩宽 52 厘米，下摆宽 72 厘米

图 7-28 石青色刺绣霞帔　　　　　　　　图 7-29 石青色缂丝霞帔
身长 110 厘米，肩宽 50 厘米，下摆宽 82 厘米　身长 108 厘米，肩宽 48 厘米，下摆宽 80 厘米

图 7-30 石青色刺绣霞帔
身长 106 厘米，肩宽 47 厘米，下摆宽 74 厘米

图 7-31 石青色刺绣霞帔
身长 110 厘米，肩宽 50 厘米，下摆宽 78 厘米

图 7-32 石青色刺绣霞帔
身长 112 厘米，肩宽 48 厘米，下摆宽 90 厘米

图 7-33 石青色刺绣霞帔
身长 108 厘米，肩宽 48 厘米，下摆宽 80 厘米

第八章

宫廷日用织绣品

由于特殊的社会环境，宫廷不单是个管理机构，在很大程度上也是很多人生活的团体，所以除了一些象征权贵的特殊用品以外，一些日常用品，包括吃喝拉撒睡用品、油盐酱醋茶等用品必不可少，这里除了一些没有典章规定的宫廷特殊用品以外，也把较为典型的日常生活中应用的织绣品做个简单的介绍。

这些织绣品在种类上没有详细的规章，但是在色彩（如黄色）、纹样上面（如龙纹）还是可以体现使用者的身份地位，所以当笔者在理解清代典章以外的织绣品时，可以从色彩和纹样上寻找答案。

一、靠背、座褥、迎手

靠背也叫靠垫。根据历史图片资料看，过去的地方官员，甚至大户人家也用刺绣靠垫，因时间久远、保存环境等因素，没有收藏到具体的实物。百姓使用的靠背形状、工艺千差万别，完全以地方风俗、民族信仰而随心所欲地制作。

这里介绍的靠背是指宫廷里座椅上用来垫靠后背的织绣品，尺寸根据座椅大小不等，图案按照所需人群和场合而定，一般织绣有九龙、五龙、单龙纹和花卉图案。

（一）靠背

图 8-1 所示靠背为明黄色，缠枝莲花卉围边，清乾隆晚期特有的小云头、长云身、少量的单云尾。完全按照龙纹等其他图案所留空白随意延续的五彩云纹，只有一个团龙纹，此靠垫的工艺构图精细规范，明显是清代宫廷用品。

葫芦是清代常用的纹样，寓意很多，一百个葫芦爬满了秧弯，代表"子孙万代""多福多子"等。图 8-2 所示靠背色彩搭配清秀雅致，刺绣工艺精细规范，有明显的高贵之气，不愧是宫廷用品。

图 8-3 所示靠背的构图流畅、规范，刺绣的工艺精细，中间绣五爪正龙，周围四条行龙，龙纹比例很大，充分显示各种形态的龙纹，只有少量的云纹作为衬托。根据龙和云的纹样，年份大约是乾隆早期。

图 8-4 所示靠背用的是一种最耗费工时的妆花工艺，整个靠背全部由介入的彩纬而形成图案，不露基本组织，是云锦耗费工时的典型代表。由于纺织工艺的局限性，整个靠背的图案没有循环，每一个通梭都需要介入几十次彩纬才能完成，可能是由于劳动成本太高，所以通过妆花工艺织做的靠背很少。

清代一些寺庙是可以用黄的，很多应用品形状和图案都近似于宫廷用品，但是工艺较粗糙，构图也比较随意。图 8-5 所示靠背用平金工艺，共绣九条龙。

各种姿态的龙纹很不规范，云纹相对呆板。工艺明显粗糙，和宫廷的靠垫有很大差别。所以笔者认为此靠垫很可能是寺庙里用的。

图 8-1 明黄色绣云龙纹椅靠背（清代乾隆）
高 69 厘米，宽 64 厘米

图 8-2 黄色缎底葫芦万代纹椅靠背（清代嘉庆）
高 69 厘米，宽 73 厘米

图 8-3 明黄色缎地绣云龙纹椅靠背（清代乾隆）
高 70 厘米，宽 69 厘米

图 8-4 云锦满云龙纹椅靠背（清代乾隆）
高 64 厘米，宽 60 厘米

图 8-5 明黄缎全平金云龙纹椅靠背（清代晚期）
高 68 厘米，宽 70 厘米

（二）座褥

座褥也叫座垫，应属规格很高的物品，黄色居多，工艺、构图都规范精细。清代宫廷有椅座垫和地座垫两种，椅座垫是垫在座椅或座凳上的，尺寸以座面的大小而定；地座垫比椅座垫应用的范围相对广，尺寸也稍大，形状有长方形、正方形和圆形，是需要时垫在床上或炕上，席地跪坐时放在地上或地毯上使用（图8-6）。

笔者看到的座褥几乎全都是宫廷用的。为了坐在上面舒适，里面有很厚的棉或丝毛等填充物。可能是便于携带的原因，目前流传在民间的大部分都被拆掉了里面的填充物，只有座褥面。这些座褥大部分是黄底色，题材多为云龙纹或花卉纹，根据应用场合和使用人群，中间绣九条、五条龙纹或花卉纹。由于大部分是宫廷应用，构图准确，绣工精细规范，是同时期最标准精细的绣品种类之一。

下面所述的座褥除了有一个收自我国西藏地区，其余大部分收自国外。这种现象和东西方艺术品收藏观念的不同有关。中国人喜欢把字画、书画等装裱成画轴，作为厅堂装饰；西方人在装饰厅堂时，喜欢在墙壁上悬挂画框，有的外国人也把一些中国织绣品框起来做室内装饰。把这些精美的座褥、座垫里面的填充物拆掉，框起来悬挂厅堂有很好的装饰效果，所以下面这些座垫大部分都曾经做过镜框。

图8-6 雍正帝读书像轴，清，宫廷画家绘，绢本设色
（北京故宫博物院藏）

在清代的织绣品中，宫廷座褥和座垫应该是传世数量最少的种类之一，原因主要是应用环境太少，只有宫廷少数场合使用。而且坐在上面更显拘谨，缺乏实用性，更多的是显示尊贵的身份和地位（图8-7）。

图8-8所示座褥有花卉围边，中间绣九条金龙，每条龙的神态各异，按清代典章，九龙应该是最高等级的用品。

图8-9所示座褥垫面用明黄色，中间用平金工艺绣出姿态左右对称的四条行龙围绕一条正龙，空白处绣五彩云，四周饰以宫廷绣品中常用的花卉纹。

图8-7 明黄色缎地绣九龙纹座褥 （清代中早期）
高115厘米，宽122厘米

图8-8 明黄色缎地绣云龙纹座褥 （清中早期）
高124厘米，宽106厘米

现在流通的传世宫廷座褥中，多数已经把围边拆除。图8-10所示座褥的四个边还保持原来的状态，围边的宽度就是座褥的厚度（约6厘米）。花卉纹的座褥构图很讲对称，基本都是以中心为点，向上下左右四面八方对称延伸，一般相对称的花卉纹样色彩都相同。虽然不像龙纹那样霸气，但构图紧凑规矩，色彩搭配雅致，仍然透露着清秀高贵之气。

图8-9 黄色缎地绣五龙纹座褥 （清代中期）
高132厘米，宽108厘米

图8-10 黄色缎地绣花卉纹座褥 （清代中期）
高123厘米，宽107厘米

图 8-11、图 8-12 所示座垫尺寸相对较大，应该和所放的位置有关。宫廷绣品里这种缠枝牡丹题材多见于清代中晚期，构图标准、浓密，刺绣工艺精细，但比较机械，缺乏动感。

图 8-11 黄色绸地绣花卉纹座褥（清代中期）
高 132 厘米，宽 107 厘米

图 8-12 黄色缎地绣花卉纹座褥（清代中期）
高 144 厘米，宽 104 厘米

图 8-13 所示夔龙纹的座褥年代较早，中间绣缠枝牡丹，四周绣夔龙纹，整体线条较为流畅，是一件宫廷用的刺绣精品。

图 8-14 有三蓝绣大朵的缠枝莲花，平金绣万字不到头纹样。整体显得金光灿烂，刺绣也很精细。图 8-15 所示这种圆形的绣品从工艺和构图以及色彩来看，都和座褥近似，因为没有相关资料的考证，笔者将其归类于座褥。

图 8-13 黄色缎地绣夔龙纹座褥（清代中早期）
高 120 厘米，宽 121 厘米

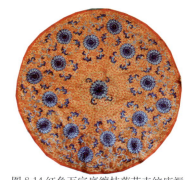

图 8-14 红色万字底缠枝莲花卉纹座褥
（清代中晚期）
直径 120 厘米

图 8-15 黄色绣万字底花卉纹座褥
（清代中期）
直径 178 厘米

图 8-16 明黄色缎地绣花卉纹座褥（清代乾隆）
高 140 厘米，宽 118 厘米

图 8-17 红色缎地妆花龙凤纹座褥（清代乾隆）
高 80 厘米，宽 89 厘米

简单地说，妆花工艺是使用彩纬介入，以重纬的方法形成图案，而织锦是多根彩纬通梭，经过多综的提拉，使彩纬沉浮而形成图案。这两种工艺在织较长的大循环图案时操作很复杂，相对于刺绣工艺，很耗费工时，效率低。由于这种工艺的特点，妆花和织锦工艺的座褥都很少见（图 8-16~ 图 8-18）。

图 8-18 织锦龙纹座褥
高 128 厘米，宽 106 厘米

（三）座垫

座垫和座褥使用的性质相同，区别在于座垫用于座椅、座凳，形状是按着应用的位置所定。宫廷座垫黄色居多，工艺种类有刺绣、缂丝、织锦等，都很精细。

图 8-19 所示座垫是放在宝座上用的，前边两头突出的两块是挡在扶手前面的。座垫的构图复杂，刺绣工艺精细，花卉纹中夹杂了草龙纹，也叫拐子龙纹，这种纹样在清代中期的构图中比较常见。

图 8-20 是方凳上的座垫，里面的填充物被拆掉了，如果把四个角缝制起来，四边的缠枝花卉围边应该是座垫的厚度，座垫的正面和四边都显示缂丝工艺。

图 8-21 座垫尺寸较小，应该是座凳上应用的，边缘的形状应该是随器物形状而为，物件虽小但精致无比，充分体现了宫廷物品的奢华和不惜工本。

图 8-19 明黄色缎地绣花卉纹宝座垫
高 103 厘米，宽 72 厘米

图 8-20 浅蓝色缂丝花卉纹座垫
边长 35 厘米

（四）迎手 （手枕）

迎手也叫手枕，形状有正方体、长方体和圆体，一般内径大约为 25 厘米、里面装满填充物、绣有龙或花卉纹。一般放在宫廷宝座两侧、皇帝及其眷属床上等，可以作为枕垫，更多的是作为摆设应用。

清代的迎手多为黄色，是只有皇宫才能应用的织绣艺术品，应用范围较小，传世实物也很少。笔者所收藏的迎手，刺绣工艺都精细规范，没有劣质品，只是数量少，应用范围小。

靠背、坐褥和迎手使用时都有很厚的丝、棉等填充物，但因使用环境的变化，部分刺绣面料已经被改做成其他装饰品，只剩下带刺绣工艺的表层部分。刺绣工艺规范精细，明显具有宫廷绣品的风格。

图 8-22 所示迎手为明黄色，六面都是正龙纹，按清代典章应该是皇帝使用。绣花卉纹的应为后、妃等女性使用（图 8-23、图 8-24）。

图 8-21 黄色绣花卉纹座垫
边长 38 厘米

(a) 正面

图 8-23 黄色缎地绣万字不到头底花卉纹迎手
边长 21 厘米

(b) 俯视图
图 8-22 黄色缎地龙纹迎手
边长 23 厘米

(a) 正面

(b) 侧视图

图 8-24 黄色缎地花卉纹迎手
边长 23 厘米

图 8-25 是一套迎手的面料，来自 2005 年纽约的一个交易会上，有明显的缝制过的痕迹，是后人把迎手拆掉作为装饰品用过。这种色彩、工艺和云龙的构图风格多为雍正、乾隆时期，具有很强的时代风格。

大约是 1998 年，笔者在北京潘家园地摊上买到过一对黄色三蓝绣龙纹迎手面料，八块大片，四块小方片，因为那时不知道是什么东西，就很便宜地卖给了一个中国台湾人。记得同时还买了两三件龙袍，卖家是一帮跑西藏的甘肃人。他们有从小学做买卖的传统，笔者那时候感觉他们做生意都有套路，非常精明，哪怕他一点都不懂，也能把价格卖到笔者心理价位的最高点，在他们身上捡漏很难。当时已经和他们交往了几年的时间，互相都很熟悉，他们从青藏买来的绝大部分织绣品都卖给了笔者。事隔多年，笔者还经常回忆起和他们交往的场景。对于这件迎手坯料他不懂，笔者也不懂，但是笔者都知道这东西年代和工艺极好。寒暄过后，笔者问他价格，他死活不说，一定让笔者给价，经过一番争执，笔者给出了一个接受价格的十分之一，他严肃地说差得太远，让笔者加价，笔者加价几次以后，他开出了超过十倍的价，笔者开始假装生气，他便好言相对，诉说苦衷，这几件龙袍买进的价格高等，笔者经过长时间"耍心机""斗心眼"，一直等笔者离开后，才把笔者叫回来成交。

转眼几十年过去了，回想起来也蛮有意思，那时很多买卖都是通过类似环节成交的，那时的不愉快也烟消云散了。如今再看见那些人，笔者只是从心底倍感亲切，时光荏苒大家都已年迈，不论如何祝福他们一切安好。

(a) 之一   (b) 之二   (c) 之三

(d) 之四

图 8-25 黄色龙纹迎手面料

高 26 厘米，宽 18 厘米

图 8-26 这对迎手来自美国旧金山邦瀚斯拍卖公司，刺绣工艺非常精细，缠枝花卉纹很紧密，几乎不露底色。

(a) 顶视图

(b) 俯视图
图 8-26 棕色绸地绣花卉纹迎手
长 25 厘米，宽 19 厘米

二、宫廷小件绣品

香包、扇套等小件器物，里面都需要一种硬壳的材质，才能把物件的外形做完美。这种物品用稀浆糊把若干层布裱在一起，形成约1毫米厚的硬布。不知道这种物品的学名是什么，笔者的老家将这种物品叫做"夹子"，河南许昌等地把这种物品叫做"布壳"，主要是做鞋用的，鞋底和鞋帮都要用"布壳"。清代很多需要硬挺的织绣物品也用这种"布壳"作内衬，如各种刺绣的包、套、鞋、帽等。

根据历史资料和出土实物，清代中期以前香包和荷包没有区别，是同一种物品。大约到清代中晚期，香包和荷包开始分化，成为两种概念上不同的小件绣品。在使用功能和形状上都出现了明显的区别，香包成了放置香料的容器，而荷包逐渐演变成了携带钱币的包袋，而且在多数地区主要用于礼物或信物，以及服装配饰等。为了详细地说明，这里对香包、荷包做分别论述。香包的样式很多，特别是女香包，应该与不同人群、不同地区和场合有关。通过多年的观察和分析比对，并查阅相关资料，综合起来看，很多民族、地区都流行类似品种，可见人们对这种物品的喜欢和认可。

说是香包，其实大多数清代的香包里面并不装香料，是纯粹的装饰品。制作和刺绣工艺也精细、规范，应该是规模较大的作坊产品。香包的制作除了刺绣工艺以外，缝制工艺也需要很高的技艺，而且需要专用的工具。香包缩口是怎样折叠的，笔者查了很多资料，到现在也没有找到答案。

（一）香包

香包的历史悠久，古代是用锦缎缝制的布袋，称佩帷、容臭、香囊，形状大小不一，里面装入香料或者草药，花样越来越多。香包是用各种工艺织绣出图案，然后缝制成各种形状的小包。清代的这种物品上到宫廷权贵，下到平民百姓都有应用。因为流行年代、地方风俗等因素，香包的形状、应用目的也不完全一样。真正意义上的香包一般用于农历五月初五端午节，因为各地的风俗不同，香包里面装的香料也有差别，但一般应该装有雄黄、艾叶等，主要用于驱邪、免灾等寓意。

从色彩和构图风格上看，半圆形的香包应该出现在清代中晚期，作为时尚用品，使用者多为当时社会上层的群体。像多数绣品一样，年代越晚使用的范围越广，绣品工艺的优劣差距也越大。

香包的工艺有刺绣、缂丝、织锦等，可能是因为图案面积小不便于纺织的原因，缂丝和织锦工艺的香包较少，大多数是刺绣工艺。从光绪到民国时期，多用平金裁绒绣等工艺。但是不管是什么工艺、哪种针法，基本形状不变，男式香包是半圆形，女式香包是鸡心形。

香包在小件刺绣品里最具观赏性，是档次较高的品种，工艺几乎包含了所有织绣种类，大部分都很精细规范。经过多年揣摩，笔者认为男香包与女香包款式有区别。

1. 男香包

男香包一般最大直径约12厘米，由两片半圆形的绸缎通过折叠、缝合而成。大体下半部分呈半圆形，上半部分折叠后锁紧形成平行的两肩。串珠和吊带是男香包的重要组成部分，所用串珠的质地很多，有名贵的红珊瑚、绿松石，也有料器制作的仿品。这种吊带和串珠在整个男香包里有重要的装饰作用，和女香包的区别是男香包没有垂穗。

清代的吉服带是男性应用，女性不用。在北京故宫博物院出版的书刊中，吉服带上系的香包、扇套等挂件中，香包全部是半圆形，有串珠的吊带，没有垂穗。这种现象在一定程度上证明了笔者对于男香包和女香包分类的观点（图8-27、图8-28）。

图 8-27 吉服带及全套挂件

香包用黄色的金线和白色的银线结合应用，弥补了平金工艺缺乏层次变化的不足，加上各种颜色的飘带和串珠，使香包具有金光灿烂的效果。香包之所以受藏家欢迎，主要原因是无论随身携带还是悬挂起来，除了作为饰品和礼品以外，也是很精美的艺术品和玩物（图 8-29、图 8-30）。

图 8-28 吉服带

图 8-29 团寿字纹平金男香包

图 8-30 三多果纹平金男香包

男香包有较长的吊带，没有垂穗。香包的吊带是专门纺织的，一般不足 1 厘米宽，约 1 毫米厚，带子穿有若干个扁圆形的串珠，珠子的质地一般用珊瑚、松石、料器等，多数带有雕刻工艺（图 8-31、图 8-32）。

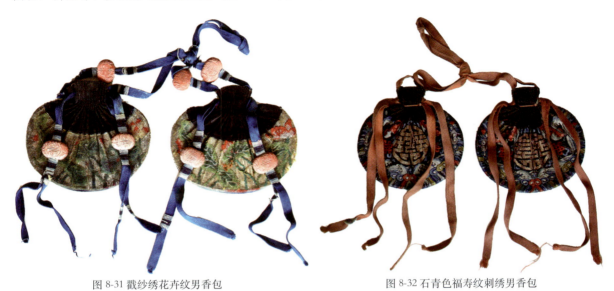

图 8-31 戳纱绣花卉纹男香包　　　　　　　　　　图 8-32 石青色福寿纹刺绣男香包

从传世实物上不难看出，男式香包大部分破损程度不大，这种现象应该和男香包佩戴的机会少有关。而女人有喜欢装扮的天性，所以使用香包的机会多，破损的几率就大，保存到现在的也少（图 8-33~ 图 8-36）。

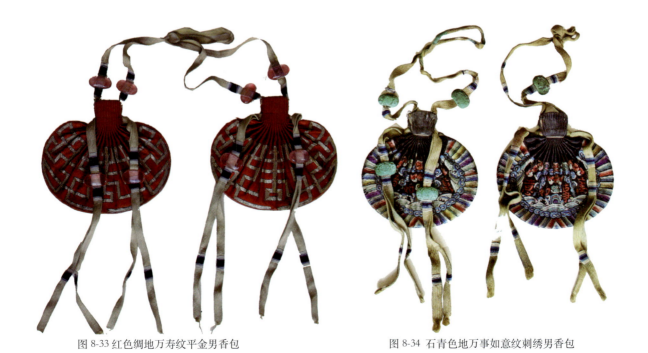

图 8-33 红色绸地万寿纹平金男香包　　　　　　图 8-34 石青色地万事如意纹刺绣男香包

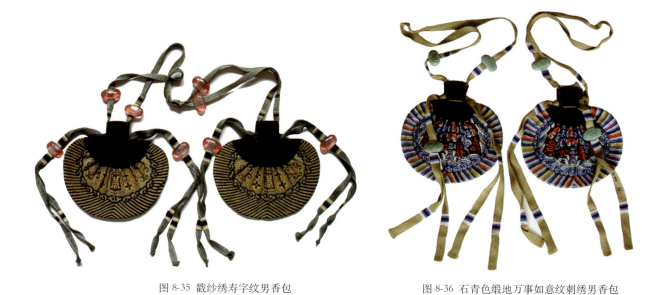

图 8-35　戳纱绣寿字纹男香包　　　　　　　　图 8-36　石青色缎地万事如意纹刺绣男香包

　　把宽吊带改为较细小的吊绳，编织成各种形状，没有串珠，这种款式也应该是男式香包（图 8-37），其工艺比较精细，笔者曾经在山西数次见到过这种带有吊绳的香包，应该是地方上流行的一种样式。

图 8-37　盘线绣男香包

2. 女香包

女香包一般都在 10 厘米以内，多数整体为鸡心形，有较细的串绳和漂亮的垂穗，没有串珠。

从整体社会流传的香包看，女香包的刺绣和制作工艺差距较大，部分工艺比较简单，应该和闺房自制有关。这种现象可能和女香包应用范围广、使用的人群阶级差距大有关。

女式香包和男式香包有很大差别，男香包用较宽的吊带和串珠、没有垂穗，而女香包则用较细的丝线绳，并且配有垂穗。女式香包明显比男香包小巧，色彩也鲜艳，有很明显的女性特征。

图 8-38 所示香包小巧精致，中间绣寿字和仙鹤（一面是仙鹤一面是寿字），这种题材应为仙鹤祝寿，应该是生日寿辰时赠送或佩戴时表达的一种意愿。

清晚到民国时期，一些绣品和瓷器的画片中有题字现象，绘图相对简单，旁边衬托诗句，图 8-39、图 8-40 所示香包的构图是典型的清末民国初期风格。

（二）表套

怀表为指针式，是指一种没有表带而随身携带的钟表。据说是在明朝的万历年间传入中国的，为方便携带多数用表链系在衣服口袋中，使用的时候拿出来，也可以固定在衣领、腰带等处。此后怀表逐渐流行，成为上流社会人士的常用品和装饰物。

怀表套是一种少而精的刺绣工艺品，在宫廷的小件绣品里常见，而社会上流传很少。

对于常用品、高档装饰品或奢侈品，中国人会习惯地配置一个精美工艺外罩，以起到保护和装饰双重作用。怀表套的上半部分为扇形（有开口），下面是半圆形，中间根据怀表盘留一个圆孔，把表盘露出，以便于观看时间。

为了和怀表相呼应，怀表套多数用平金工艺，这种绣品虽然体积不大，刺绣工艺也较少，但是构图、刺绣和制作工艺都非常精致。表套圆孔的周围用黄金丝固定，更显宫廷用品的档次之高。这种怀表套都有一对漂亮的垂穗，有很多人喜欢小件的重要因素是更喜欢垂穗（图 8-41）。

图 8-38 仙鹤祝寿纹女式香包　　　　　　　　　图 8-39 雪青色缎地女式香包

图 8-40 黄色全平金三多果纹女式香包　　　　　图 8-41 黑色缎地彩金怀表套

（三）扇套、刀套

把喜欢的东西用盒子或套包裹起来，用现在的词语叫做包装。一是对所套之物有保护作用，二是为好看。有很多种绣品就具有这种作用，特别是小件刺绣。实际上，包和套很难严格地区分，这里基本上是延续一些习惯性的叫法，把扇套、刀套、怀表套、眼镜套、扳指套等北方习惯上成为套的小件做一介绍。

很多刺绣的套做工精细，艺术性强，既实用又好看。镜子套、壶套等除了能够保护器物以外，也有很好的装饰作用。壶套里面有很厚的棉花，能起到保温作用。另外一些随身携带的小件物品也配有外套，如扇套、刀套、表套等。这些套除了保护器物以外更大的作用是为了便于携带。所有套类的绣品无论随身携带的，还是摆放的，都具有实用和美观双重功能性。

1. 扇套

全国大部分地区都有扇套传世，没有明显的区域特征。绝大多数扇套是装折扇的套，形状如合起的折扇，是用夹子做衬里的硬胎，开口处稍大，长约 30

厘米。折扇大多为文人雅士所用，扇套作为随身携带的饰品，一般工艺都很精细，针法和题材也很广泛，流行年代也比较长。

扇套既是应用品又是装饰品，上到皇帝，下到百姓都能使用。因为折扇在一定程度上象征文化和时尚，手里拿一把折扇显得有修养，这也导致了扇套的用色雅致，纹样题材丰富。

扇套的流行年代较长，使用范围也比较均衡，在众多的绣品中，扇套的区域特征最不明显。既有蜀绣的亭台楼阁、苏绣五彩打籽绣的牡丹，也有粤绣的花鸟凤凰、北京拉锁绣的兰草和彩色平金等，几乎涉及到所有织绣工艺。各种针法的刺绣、织锦、缂丝、纳纱等，工艺的变化很多，多数题材规范，色彩比较淡雅，样式没有太大的差距。

尽管没有明确的风俗和典章规定，习惯上折扇是男性的用品，在一定程度上是帝王将相、文人雅士的一种时尚，也是演艺界刻画人文场景的一种道具。由于这种比较普遍的社会习俗，本来扇风纳凉的功能体现得并不重要，更多的功能是显示文化修养，所以在一般情况下平民百姓不用，传世数量也比较少（图8-42~图8-44）。

图8-42 缂丝山水纹扇套　　　　图8-43 黄色拉锁绣兰草花卉纹扇套　　　图8-44 黄色粤绣花鸟纹扇套

2. 团扇

团扇是女性用品，宫廷和地方上流社会的女性都有应用，在使用功能上也与男扇有异曲同工之处。除了体现文化修养以外，也能够扇风纳凉，据说更有挡脸遮羞的妙用。当然，此种细腻精致之物，也不是乡姑村妇所能应用的物品（图 8-45、图 8-46）。

图 8-45 月白色缎地刺绣团扇

图 8-46 点翠花鸟纹团扇

3. 刀套

作为清王朝统治者的满族，刀具是必不可少的随身携带的工具，人们素有使用配刀的习俗。作为一种利器，多数的刀套里面是木或竹质做内套，表面用动物毛皮缝制，如鲨鱼皮等。刺绣的刀套较少，形状非常近似于扇套，所以很容易把刀套误认为扇套。但是，刀的大小差距很大，扇套的开口处是圆弧形，而刀套的开口处是平直的。可能是不实用的原因，使用刺绣刀套的人很少，民间如内蒙古和山西等北方的部分地区有少量的流行。

刺绣的刀套仅仅是样子，并不实用，所以刀套的传世很少。而且多数的构图和刺绣工艺都不规范，应属于地方或家庭自制的绣品，一般用锁绣和打籽绣较多，因为这种绣法结实耐磨。刀套的样式比较随意，长短差距也大，多数的刺绣工艺也相对简单（图 8-47～图 8-49）。

图 8-47 石青色缎地打籽绣花卉纹刀套　　图 8-48 绿色拉锁绣花卉纹刀套　　图 8-49 月白色缎地花卉纹刀套

（四）眼镜套、眼镜盒

眼镜套和眼镜盒虽然都是为保护眼镜而制做，形状也近似，但是作用却不完全一样。眼镜套主要是能防止磨损，而眼镜盒除了能防止磨损以外，还有防止眼镜受到挤压而损坏的功能。清代常见的眼镜盒大部分里面是木质、表面包鲨鱼皮，刺绣眼镜盒只占小部分，也是比较高档的。形状有椭圆形和长方形两种。椭圆形眼镜盒是用较硬的夹子布壳做衬里，整体有较好的抗挤压功能。从中间偏上部开口，周身都绣有图案。一般年代较早，大多数有垂穗。

眼镜盒的使用群体相对来说集中在社会中上层，所以刺绣的品质比较高。刺绣工艺的种类很多，比较常见的有纳纱绣、串珠绣、盘综绣等。刺绣眼镜盒多流行于黄土高原地区，其他地区比较少。

图 8-50 和图 8-51 这种眼镜盒是比较实用合理的设计，传世量也相对多。首先是没有棱角的椭圆形状便于携带，在一定程度上还可预防磨损，也有较好的抗挤压效果。无论是哪种眼镜，只要具有折叠功能，都能对其有较好的保护作用。

还有一种方形眼镜盒，这种眼镜盒是约 8 厘米乘 16 厘米的长方形，里子是用夹子做成的硬胎，从下方开口，像抽屉一样能从下面拉出硬胎来放眼镜，这种眼镜盒形成年代较晚，有吊带和垂穗，刺绣和制作工艺都很精细（图 8-52、图 8-53）。

方形的眼镜盒体积较大，形成年代比椭圆形眼镜盒晚，多数是平金和串珠绣工艺，有较好的视觉效果。但是作为随身携带的物品，方形的棱角容易磨损，携带也不如椭圆形方便。

　　图 8-54 所示眼镜套是长约 13 厘米、宽约 6 厘米的椭圆形绣品。这种绣品多数来自南方，宫廷的一些小件绣品也在南方常见。这个眼镜套属于顾绣的刺绣风格，采用绘画和刺绣结合的工艺，主要是戳纱工艺，同时也有小部分画工，眼镜套的画稿和刺绣工艺都很专业，有较高的艺术水平。

　　根据实物看，眼镜套应该是专为一种软腿的金丝眼镜而制做的，眼镜腿可以任意弯曲，这种眼镜比较耐挤压而便于携带，主要流行于南方的一些地区。因为硬腿的眼镜就是装进眼睛套里也很容易折坏，起不到保护作用。可能是使用范围小的原因，眼镜套的传世实物很少。

图 8-50 椭圆形打籽绣仙鹤奔日纹眼镜盒　　　图 8-51 椭圆形纳纱绣眼镜盒

图 8-52 长方形眼镜盒　　　　　图 8-53 长方形眼镜盒

（a）正面　　　　　　　　　　（b）细节图

图 8-54 戳纱绣眼镜套

（五）扳指套

清代流行一种直径约 3 厘米、内径 2.5 厘米、高约 3 厘米的圆筒形的扳指，叫做弓扳指。扳指一般用坚硬而名贵的翡翠或白玉做成，宫廷和地方都有少量流行，没有明确的区域特征。早期功能是拉弓射猎时作为保护拉线的手指用的。随着人类社会经济的发展，弃猎务农人群的增加，狩猎人群快速减少，弓扳指原有的作用逐渐减弱，多数演变为装饰、把玩的物品。图 8-55 所示刺绣圆筒就是装弓板指用的，从所用材料质地和工艺看，扳指套应该流行于清代晚期，没有见过早期的此种物品。

图 8-56 所示扳指套高约 8 厘米，直径约 4.5 厘米，开口在下面，里面有小一号的圆筒，像抽屉一样拉出就可以放东西了。扳指套多作为宫廷小件绣品，都有吊带和垂穗，是社会上较少见的刺绣品种。

图 8-57 这种扳指套在宫廷小件里很常见，但地方上却很少见到，刺绣工艺也都很精细规范，弓扳指原来是满族和蒙古族骑猎使用的物品，在清代作为装饰品的各种材质、工艺的扳指在全国大部分地区都有流行。

（a）侧视图之一　　　　　　　　　　　　（b）侧视图之二

图 8-55 石青缎底打籽绣扳指套

(a) 关合后状态　　　　　　　　　　(b) 抽出状态

图 8-56 黄色缎地打籽绣扳指套

图 8-57 石青色缎地打籽绣扳指套

（六）小挂件

小挂件的叫法比较笼统，有各种形状、工艺，更是有多重用途。这种物品无论是宫廷还是地方，几乎所有地区和民族都有应用，但应用方式和目的有差别。无论是哪个地区，除了追求好的装饰效果以外，其应用场合、时间，甚至形状和图案都蕴含着吉祥的寓意。

香囊的种类主要有常系、祝福、喜庆、定情香囊等。常系香囊为人们平时佩带的。祝福香包是为老人祝寿、婴儿满月等场合赠送的。人们借赠送香包、荷包等礼物，送去各自美好的祝愿。清代的这类囊、包造型多种多样，图案多为代表吉祥、亲情、爱情的题材，有表示爱情的鸳鸯、喜鹊、比目鱼、并蒂莲等。有的地区男女双方确定爱情关系后，女方就把荷包的一半送给男方，另一半自己保存，两半荷包合在一起，方成为一个完整的荷包，人们又把这种荷包称做"对子同心"包。

这里尽量介绍宫廷物品，为防止过于杂乱，只介绍几个具有代表性的工艺、材质的小件绣品中的精品。

图 8-58 所示款式是名片夹，据说是放明信片使用的。根据清代的风俗习惯，女性使用明信片的机会很少，笔者个人理解，更多的应该是和爱情有关的信物，如情书和一些有纪念意义的小物品等。

名片夹整体由三个部分组成，上面长方形、顶端椭圆的是外套，左下绣寿桃万字、黄色垂穗中间有缝隙的应该是放信物之处，右边绣牡丹的背面是一个小镜子，需要时用于整理形象，两片合在一起装进外套，也是一个不错的装饰品。裁绫绣工艺非常精细规范，应是宫廷小件用品。

香囊的工艺平针绣的比较少，多数是打籽、纳纱、平金等。晚期较多地流行这种较为结实耐磨的裁绒（也称堆绫）工艺。

　　香包可以理解成是随身佩戴的饰品，并且有捆扎起来的开口，而香囊则没有开口，有吊绳和较长的垂穗，也有人把这一类叫做挂件。多数里面放好香料后完全缝合起来，挂在室内既有很好的装点作用，也能释放香味，也有的不放香料，纯粹作为装饰品或礼品。因为使用目的、场合和地方风俗等众多因素，所以各种形状差别较大，工艺种类、精细程度差距都很大（图 8-59）。

　　香囊的样式很多，基本都有吉祥福寿等寓意，一般是成对的，囊袋虽小都有多而长的垂穗，在香囊中垂穗有着重要的装饰效果（图 8-60）。

　　笔者认为，事物完美的重要因素都来源于适度。不可否认，这种小挂件的垂穗不可或缺，在审美方面有着重要作用，但垂穗的多少、大小，甚至长短、色彩搭配的适度都直接影响香囊的艺术感受。以上两个香囊同为戳纱工艺，在形状、构图和色彩上大同小异，垂穗也有较好的品质，但因为本来很漂亮的垂穗过于臃肿，很容易使人忽略香囊精细的戳纱工艺，整体视觉效果也大打折扣（图 8-61）。

（a）分解状态　　　　　　　　　　　　　　　　（b）合并状态

图 8-58 红色裁绒绣名片夹

图 8-59 红色平金绣香囊　　　　　　　图 8-60 红色平金绣香囊

根据图 8-62 物品的形状分析，应该是某个精致器物的垂饰，上面网状的开口处应是系在物件上的。还有另一种解释，网状的部分是某件器物的套，这种解释更贴切。

图 8-63 应该是纯装饰性的挂件，清代室内或架子床上都有悬挂垂绦等挂饰的习惯。很多把玩的饰品也习惯垂漂亮的穗子，或者镶嵌玉、翠、松石等宝器。

完全缝合起来，里面装有香料的叫香囊。香囊没有固定的形状，一般仿照一些动物和器物作为基本形状，大小差距较大，完全凭兴趣随心所欲。

香囊是种类样式最多、涉及范围最广、内容最丰富的刺绣品种，从宫廷皇家到普通百姓都有应用。这些小挂件一般绣工不多，但是形状和图案都有很吉祥的寓意，如结婚用双喜、祝寿用寿字等，期望给使用者带来吉祥和祝福。

这些挂件能释放香味，但更多的是起装饰作用。把香囊做成各种物品的形状，悬挂在房间里或者器物上，既有装点的作用，也有吉祥和祝福的寓意。

图 8-61 纳纱绣香囊

图 8-62 装饰挂件

图 8-63 三蓝绣点翠珠装饰挂件

（七）荷包

荷包也叫荷囊，是指人们随身携带的小包。由于地方风俗的差别，荷包的存世量和样式很多。荷包既有服装配饰的作用，同时也是单独的一件绣品，还可以作为礼物馈赠物品。

据记载，秦汉时期就有佩戴荷囊的风俗，南北朝时期宫廷就有佩戴囊的相关制度，二品以上佩金缕，三四品佩银缕，五品至九品用彩缕、兽爪（织绣有兽爪纹样的荷囊）。到唐代出现了一种叫做承露囊的荷囊，作用和明清时期的荷包近似，主要作为礼品馈赠。

荷包的名称是从宋代开始使用的，以后虽然名称有所改变，但形式、用途和荷囊基本相同。元代的荷包是和刀套等一起系在腰带上用的，形式和清代宫廷的吉服带近似。到明代，随着刺绣产业的发展，使用人群大幅增加。

荷包流行区域很广，主要是山西、陕西、河南、河北、山东以及南方的一些地区。各个地区的荷包名称、种类和样式稍有差异。因产地不同、流行年代和流行区域不同，所以式样繁多，综合来看，不管哪种荷包，都有很好的围边、很具有地方特色的构图和刺绣工艺。

1. 褡裢荷包

民国以前，褡裢是很多地区农村的日常用品，是每个家庭必备的，作用和现在的旅行包相同，是人们出门办事、赶集时常用的装物品的工具。河北有的地区也叫"褡马子"。褡裢大约 30 至 40 厘米宽，长 1 米左右，用很厚的专用棉布缝制而成。两端有两个相对的约 35 厘米高的袋子，使用时搭在肩上，前后的袋子装东西。褡裢的流行年代很长，历史上什么时候开始应用已经很难考证，但这种具有旅行包作用的褡裢，直到 20 世纪 60 年代都有人使用。

褡裢荷包款式和褡裢相似，但使用的目的和方法却完全是两回事，宽度只有 8 至 10 厘米，长 28 厘米左右，是用一条绸缎的布袋把两块小绣片连接在一起，使其能够折叠。荷包小巧玲珑，流传区域较广，宫廷和地方都有应用，制作工艺和构图风格的差距也较大，是以赠送信物为主要用途的小件绣品。

褡裢荷包没有明显的流行区域，分布比较均衡，从南到北，从宫廷到乡村都流行这种荷包，从刺绣的风格和材质上看，流行年代也比较长，清中期到民国都有这种绣品，由于上述原因，构图风格和刺绣针法也非常多样化。

图 8-64 和图 8-65 两个褡裢荷包的题材较有意境，有一定的文化气息，但认真分析发现，这种荷包的刺绣和制作都很简单，构图面积少，但主题突出，大部分图案用平绣的针法一次绣成，围边使用专用的栏杆缝制。这种既有很好的视觉效果，也不费工时的绣品都来自规模较大的工厂，构图、色彩和行针的走向都要合理才能做到，而这种标准一般家庭和小作坊很难做到。

根据实物看，褡裢荷包是一种纯粹的工艺品，没有大的实用价值。这种荷包宫廷里也有记载，所以既是皇家用品，百姓也有应用。既有著名产地专业工厂的刺绣精品，也有家庭自己制作的民俗手工艺品。基于上述原因，褡裢荷包的工艺差距很大，各种刺绣的风格也很多（图8-66、图8-67）。

图8-64 白底绣花
鸟纹褡裢荷包

图8-65 白底绣双蝶
嬉戏褡裢荷包

图8-66 拉锁绣褡裢荷包

图8-67 拉锁绣褡裢荷包

2．葫芦形荷包

这种葫芦形状的包，是具有多种用途的小件绣品，一般高15厘米左右，宽约8厘米。多数带有吊带和垂穗，两面都绣有各种图案。由于各个地区的风俗习惯、用途有很大的不同，有的认为佩戴荷包可以防病、治病、祛毒；也有的用作袖珍贮物袋，既可装药物、香料，还可装烟丝等，同时也是人们表示爱情或友情时相互赠送的礼品。

还有一部分葫芦荷包是槟榔袋。槟榔袋大部分是侧上方开口，从正上方顺着一侧一直开到总高度的约三分之一处，然后从上面口沿下1~2厘米处打一个结，形成上面和侧面都有开口的效果，因为产地等原因，形状和尺寸有所变化。但很多葫芦荷包来自并不出产和食用槟榔的山西、陕西等北方地区，有的葫芦荷包束腰处是缝死的，还有的束腰有很硬、很深的褶皱，根本不可能重复放东西，所以这些葫芦形小袋在当时应该主要还是作为纪念品、工艺品使用的。由于应用范围很广，葫芦包的传世比较多，刺绣工艺有较大差异，刺绣的地区风格都较多，年代跨度也比较长。

这种葫芦形荷包大部分刺绣工艺规范，年代较早的常用打籽绣针法，一般没有垂穗，年代较晚的多为京绣风格、拉锁绣、平金绣、裁绒绣、盘综绣等针法较多。多数晚期的葫芦包都有垂穗和吊带，适于垂挂（图8-68）。

栽绒和盘综工艺的香包一般年代较晚，多数属于京绣风格，这种工艺较省工时，而且视觉效果整齐规范。清代晚期宫廷的一些小件绣品常用栽绒的工艺（图 8-69）。

葫芦的形状也是吉祥的象征，很多地区都有宝葫芦的说法，主要意思是能留住财宝，因此葫芦包也是传世量较多的小件绣品。因各地区的风俗不同和年代不同，形状和工艺也有差别（图 8-70~ 图 8-72）。

图 8-68 红色缎地栽绒绣葫芦形包　　　图 8-69 黄色缎地绣词句葫芦形包　　　图 8-70 月白色葫芦形包

图 8-71 蓝色镂空平金　　　　　　图 8-72 黑色金线绣葫芦形包（图左）
　　　长寿纹葫芦形包　　　　　　　　紫红色缎地栽绒绣葫芦形包（图右）

3. 拔插荷包

史料中有很多地区有赠送荷包的风俗，如结婚陪嫁、亲友之间互相赠送，用来祝福幸福安康、财源茂盛。山西的一些地区很直接地把这些包套类小件叫做"送袋袋"，意思更多的是指男女之间的信物。当然也包括送给亲友的礼物，河北的一些地区还有女儿给父亲做钱包的风俗。根据实物看，有很多钱包都没有装过钱的痕迹，人们更注重的是含义和工艺。

生活相对稳定的山西，自古就有绣荷包的习俗，甚至有民间小调名为《绣荷包》，至今仍在传唱。歌曲内容主要是表达对爱人的思念和对美好未来的憧憬，把全部的情爱都倾诉在绣荷包上面。这在一定程度上反映出了荷包的作用。

清代的荷包也叫钱包，用途也不单是装钱。清代中晚期的荷包，已经由社会上层阶级的奢侈品，逐步演变到普通百姓的礼品和装饰品。由于各地的风俗不同及个人兴趣爱好的差异，荷包的种类、形状和工艺非常多。荷包的流行范围都不大，但很集中，传世数量也很多。

同样形状的荷包，因为地区不同称呼也不尽相同。为了比较详细地介绍荷包，需要把一些不同形状、有地区特点的荷包加以区分。本书按不同区域对荷包进行分类，命名尽量采用流行地区的习惯名称，对不知道原来名称的，则以区域命名。

山西忻州地区的荷包具有鲜明的地方特点，刺绣和缝制工艺在荷包里都具有代表性，数量也很多，在传世的荷包中占有很大的比例。这一地区荷包的构图方式、色彩和刺绣工艺等都不够精致，大部分是较有规模的地方作坊的产品。同时也有家庭自己制作的绣品，不属于任何著名绣种。作为地方的绣品，这种荷包的刺绣工艺和题材风格非常广泛，既有五彩绣、三蓝绣等不同风格，也有山水人物、花鸟等不同题材。在北方其他地区也能见到这种荷包，但相对很少。20世纪80年代初笔者到过山西北部的忻州地区，特别是繁峙、代县境内，几乎每位老年妇女都保存了很多荷包。当地人把两面有刺绣工艺、长方形、由四片组成的叫拔插（地方音译），一面有绣工半圆形的叫布袋（地方音译）。据当地人讲，民国以前这里的人结婚一定要有很多钱包。

拔插荷包应该只限于民间流行，清代一些描写民间场景的书画中，也有佩戴这种荷包的描绘。清代宫廷里不使用这种荷包，在近些年故宫的相关书籍以及其他资料中，没见到过宫廷使用此类荷包的记载。

拔插荷包的刺绣工艺多数是平绣，同时也有打籽绣、拉锁绣等各种工艺。荷包看似很小，实际上两面的刺绣工艺是很费工时的，加上繁琐的围边工艺，所花费的工时往往超乎人们的想象。

荷包的工艺和其他绣品一样，一般年代越晚工艺水平越差。由合股丝线围边到用布包边，由刺绣工艺转为画工，由绸缎面到棉布面，这种衰败的现象不单是表现在荷包上，几乎所有的绣品都有这种现象，甚至官用的一些龙袍、氅衣的工艺也有这种现象。

图 8-73 和图 8-74 所示荷包是一种设计既合理又美观，也是传世量最多的荷包之一。为便于挂在腰间，拔插荷包一般要搭配吊带和垂穗，但因为垂穗易于拉扯等原因，到现在大部分都只有荷包，保留有垂穗的很少。荷包除了是玩物以外，更是极佳的信物。

作为当时民间较盛行的小件绣品，荷包的工艺水平是相对较高的。各种围边工艺是荷包的突出特点，这是一种看似简单，实际上是需要很高的技术含量、也很耗费工时的工艺。一般用两层不同色彩的合股线，采用行针方向和上下编织的变化形成各种不同的图案。据说一个好的荷包，光是围边，一个熟练工人就要用一周左右的时间才能完成。

图 8-73 石青色缎地绣万福纹拔插荷包　　图 8-74 黄色缎地绣刘海戏金铜纹拔插荷包

早期荷包的绣工多数先用纸样剪成所需要的图案，再把纸样粘贴在绸缎上，刺绣时针脚完全按纸样进行。这种刺绣工艺的效果整齐，但较为刻板，没有动感，此类绣品应是家庭自己所为。随着刺绣产业的发展，工人逐渐专业化，刺绣里面垫纸的工艺越来越少（图8-75、图8-76）。

　　同时流行的还有一种椭圆形的荷包。这种荷包没有垂穗，正面有绣工，背面是棉布，上面敞口，中间留一两个夹层，用于放置钱币或小件物品（图8-77）。体积大小差距也不太大，一般最大直径为15厘米。虽然结构相对简单，但构图、绣工、做边等都和拔插荷包属同一风格，也同时流行在同一地区。当地人称之为"布袋袋"，笔者觉得应该理解成是送人的钱袋。此外，还有山西晋南地区的方形荷包、浙江丽水的单面锁绣荷包等。

图 8-75 红色缎地绣蝶恋花纹拔插荷包

图 8-76 黄色缎地绣花鸟纹拔插荷包

图 8-77 红色缎地三蓝绣花卉纹拔插荷包

第九章

鞋、帽

我国不仅是丝绸文明古国，且鞋的制作也有悠久的历史（图 9-1）。原始社会原始人在用骨针缝制兽皮衣服时，也缝制兽皮鞋子，用以护脚。鞋是履、靴的统称，古代称鞜（音 tà）、靸（音 sǎ），也有称为履（屦）、鞮（音 dī）。只是穿着时代的不同而有不同的称谓，汉前称屦，多为由麻、葛等制成的单底鞋。

　　屩即草鞋，屐也是鞋子的一种，通常指木底，有齿或者无齿，也有草制或帛制的。古代的"鞮"是指用兽皮做的鞋。高筒称靴，是指高到踝骨以上的长筒靴，它是随胡服的传入才逐渐普及的，汉代后才大量出现，到了唐朝才普及。

　　南北朝时期，传说有一女子做布鞋，内里用香垫子，鞋底用麻绳纳成莲花纹。这种鞋踏在泥土上会留下美丽的莲花图案，人称这种鞋为"步步生莲鞋"。在唐代还有人发明了适宜步行的远游鞋。古代百姓穿木屐，一是为了凉爽，行走硬朗，二是为了防湿，尤其是潮湿阴雨的南方，常把木屐作为雨鞋穿用。即使是姑娘出嫁，也要漆画彩屐作为妆奁。在古代，鞋、靴、屐是分得很清楚的，特别是什么场合穿靴，什么场合穿鞋或屐，都有严格的规定。

图 9-1 石青色缎地双鱼纹袜筒
高 45 厘米，上口宽 44 厘米，下口宽 25 厘米

一、鞋

　　鞋子就像衣服一样伴随着人们走过。从绣花鞋的实物看，元代以前的鞋前端高高翘起，以便使鞋的前部更能显示华丽的图案。但整体感觉过于做作、缺乏实用性。这一时期的刺绣品应该是达官贵族使用，所以传世量很少，刺绣工艺多为锁绣。

　　满族和蒙古族女子不缠足，所以穿的鞋子较大，款式是鞋口大、鞋面矮。在这些宫廷女鞋中，工艺都非常精致，基本属于京绣和粤绣风格，充分显示了方寸之间的唯美艺术，年代为清代中晚期。

（一）宫廷盆鞋

宫廷满族女性穿用的高足绣花鞋有两种，一种称为盆儿鞋，另一种称为船鞋。盆鞋是中间有高足跟、船鞋的坡跟形似船底，而且鞋跟的大小高矮差距较大。因为只有宫廷女性穿用，船鞋的传世数量很少。笔者收藏多年也只收到几双而已，全部都是近些年从国外和一些拍卖公司所得。

图 9-2 所示鞋图案为龙纹，采用平金工艺，龙的身体部位用丝棉垫高使之凸起，用细金线采用编织的方法显示鳞片，视觉效果更显立体，应属粤绣的平金绣风格。龙纹的女鞋非常少见，根据清代典章，应为后妃级别的女眷穿用。此盆鞋黑色鞋口、浅粉色鞋面，鞋跟下面加了一层厚皮底，走路时可以防滑。

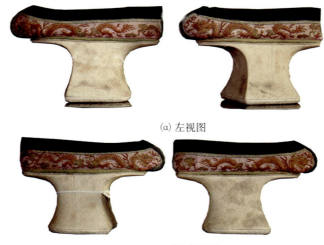

(a) 左视图

(b) 右视图

图 9-2 粉色缎地平金龙纹盆鞋

长 22 厘米，宽 10 厘米，高 14 厘米，鞋底高 10 厘米

图 9-3 所示女鞋尺寸明显小，应该是儿童所穿用。花卉和色彩搭配比较鲜艳，跟儿也比较细矮，这说明宫廷儿童也穿盆鞋。

(a) 侧面　　　　　　　　　　　(b) 正面

图 9-3 粉色缎地蓝边花卉纹儿童盆鞋

长 18 厘米，宽 5 厘米，高 7.5 厘米，鞋底高 4 厘米

船鞋是完全因鞋的形状而得名，这种鞋整体像一条船。

在目前见到的清代宫廷女鞋中，将鞋底增高的方法多用木质材料，形状有两种，一种是做一个与鞋同宽的底托，然后按需要在底托中间延伸一个或圆或方的立柱，接触地面处加一层牛皮，用以防滑，一般叫做盆鞋（图9-4）。另一种是按照鞋底的形状，根据所需高度做一个梯形，接触地面处也加一层皮革，整体像一条船，一般业内叫做船鞋，外面根据木跟的形状用若干层棉布包裹，然后涂抹一层灰质涂料，应该是用以防湿而为（图9-5）。

图9-4 红色缎地花蝶纹京绣盆鞋
长 22 厘米，宽10.2 厘米，高12 厘米，鞋底高 7.5 厘米

图9-5 紫色缎地花鸟纹彩绣船鞋
长 21 厘米，宽 7 厘米，高 8 厘米，鞋底高 3.5 厘米

（二）满蒙绣花鞋

满蒙民族也穿绣花鞋，工艺特点是绣工满、色彩艳丽。款式有高筒鞋和矮帮两种，和清代宫廷盆鞋基本相似，只是宫廷女鞋的鞋底中间有高跟或坡跟，称之为船鞋或盆鞋。皇帝也穿绣有龙纹的朝靴，其他少数民族也穿绣花鞋，如藏族、维吾尔族以及苗族等一些少数民族都穿绣花鞋。因为本书只限于宫廷和官用服饰及一小部分汉人用品，在这里只介绍宫廷满族和汉族小脚鞋。

满族鞋的底和帮较硬，鞋底子是用多层棉布纳成，也有的用皮底，鞋面上都有很满的绣工，颜色都很鲜艳。

为了对这些女式鞋的款式、纹样和流行区域有比较清楚的概念，这里是指主要流行区域。对各种鞋所做的划分并非绝对，实际上各个地区都会有交流，并不能以区域做绝对的划分，只是指某个地区传世实物相对多。

图9-6 这种高筒靴绣工很满，颜色也很艳丽，黑底上绣的红、粉、绿色彩搭配很夸张，应该是北方的刺绣工艺风格。

图9-7 这种矮帮的满族女鞋都是平底，用色也比较鲜艳，有明显的地方特色，北方有的地区将这种前面起两道梗的鞋叫作撒鞋，表示灵敏轻捷之意。

图 9-6 黑色缎地绣花卉纹高筒靴

图 9-7 红色缎地花卉纹彩绣满族船鞋
长 25 厘米，宽 8 厘米

　　图 9-8 所示的这种平底船鞋鞋底短小鞋帮长，鞋尖部分向前凸起，这样在走路时脚的位置循环合理，有些像现在的旅游鞋。但是这种鞋的鞋尖部分很容易磨损，所以有的鞋尖做很结实的包头。图 9-9 鞋用黑地黑边镶口、制作简洁大方，应该是中老年人穿用。

　　图 9-10 这种藏族女人穿的鞋现存很少，其鞋尖向上翘向后卷，很像古代鞋的样式。这双鞋是皮底，鞋尖上翘。藏式鞋和满族鞋的区分就在鞋尖处，藏式绣花鞋从鞋底开始连同鞋尖向上卷，满族的鞋尖是前凸盖住底子的。

图 9-8 粉色缎地黑边满船鞋
长 24 厘米，宽 9 厘米

图 9-9 黑色缎地花卉纹彩绣满族船鞋
鞋长 24 厘米，宽 7.5 厘米

图 9-10 藏族绣花鞋

（三）汉式小脚鞋

鉴于清代很多汉人命妇都穿小脚鞋，本书在这里做一简单介绍。大约南宋时期，汉族女人开始缠足，随之产生了小脚鞋。因为绣花小脚鞋流行年代长、区域广，传世量也较多。样式也分高跟、坡跟和平底等多种样式。为防止鞋后跟的部分变形，制作时一般都把多根约1厘米宽的竹片或木片缝在鞋帮的里面，这样鞋既不变形，还可以承受脚后跟的压力。有的将裤腿直接固定在小脚鞋上，使之成为高筒小脚鞋，这种小脚鞋能够完全把脚尖包裹，但脚后跟一般都露在鞋外面，可以使脚显得更小。

各个地区小脚鞋也都有自己的风格，其中陕西西部的小脚鞋最具传统风格，和唐宋时期的鞋从造型上有近似之处，多数是圆高跟或者坡跟，鞋尖很长像大象的鼻子向上卷。在那个时代，女孩子到了一定的年龄就必须要缠足，如果不缠，长大是没有人愿意娶她的。脚缠得好不好看，直接影响了女孩子的一生。到了清代康熙年间，妇女缠足风气到了登峰造极的地步，尤其在山西、河北、京津、山东、河南、陕西、甘肃等地最为流行。清朝统治者本来反对汉族女子缠足，康熙三年，曾经下诏禁止，违者拿其父母家长问罪。可是风俗一时不容易挽回，最后闹得康熙皇帝的禁令仅颁布了四年就被迫撤销了。

不仅如此，满族女子也开始效仿。顺治皇帝曾下达"有以缠足女子入宫者斩"的禁令，但都难达到目的。直到乾隆皇帝屡次下旨严禁，才刹了些满族女子缠脚的风气。格格们无可奈何，只得穿上底部类似金莲形状的木屐。眼见皇帝拿平民百姓的缠足没办法，小脚狂们自是欣喜，奔走相告，还衍生出缠小脚是汉人"男降女不降"的说法，于是缠足之风愈演愈烈，一发不可收拾，女子的小脚受到了前所未有的崇拜。

在各个地区风格的小脚鞋中，山西地区的小鞋最为精巧，传世数量也多，不但鞋小，绣工也很精致。大部分款式为高跟，有的鞋跟和鞋底也有刺绣工艺。

清代女孩一般五六岁开始缠足，在当时的社会风气中，缠足是女孩必须经历的事情。缠足之前先要准备好各种用具，包括缠脚布、缠足时用的针线、棉花、木盆、温水、剪刀、明矾等。女孩子先把脚洗干净，修剪趾甲，涂上明矾，再把长长的缠脚布一层层地围绕上去，直到把除大脚趾外的四个脚趾都缠到妥帖地靠在脚底为止。缠脚布一般宽三寸，最宽不超过三寸五分，最窄不少于二寸五分，一般长七尺，最长的达十尺左右。

据说缠足也需要一定的技术，开始时需要在技术人员的指导下进行，每个脚趾弯曲的方向都有固定的模式，绝大部分女子一旦缠上脚都能成功，很少半途而费。因为一旦失败，将是一生的缺陷，找婆家都有很大障碍。反之，脚小则是很大的自豪和美丽，所谓死刑吓不住，崇拜"金莲"是时尚。这种风气在 20 世纪初开始松动，并且缠足的习惯很快就消失了（图 9-11）。

(a) 粉色缎绣小脚鞋面　　　　(b) 红色缎绣小脚鞋面　　　(c) 蓝色缎绣小脚鞋面　(d) 紫色缎绣小脚鞋面

图 9-11 小脚鞋面四套

除此以外，还有一种绣花鞋的鞋底到鞋尖只有 8 厘米左右，鞋底的中间宽度约 3 厘米，如此小的鞋，一般人很难穿用。这种鞋大部分来自四川、陕西等地，样式和工艺与常见的小脚鞋没有区别。笔者曾经询问过当地人，但没有得到确切的答案，总结起来有两种说法，多数人说在当时有一部分人就穿这么小的鞋，也有人说是演木偶剧时用的道具鞋。确实有的鞋底挖了一个方形的洞，据说是艺人演木偶剧时，为了便于操作而挖的。

20 世纪初期，妇女裹脚的旧俗逐渐式微。这一时期大多数女孩介乎缠足与不缠足之间，即使裹脚的习惯还在延续，但裹一段时间因为极度痛苦就放弃了。而这种情况在当时占了大多数，到中华人民共和国成立前后正是这些人成年的时段，所以人们习惯地把这种既不小、也不大的鞋叫做解放鞋。地处华北平原的河南、山东以及河北地区最为多见，因为结婚或节日时多数人都要穿绣花鞋，所以传世较多。解放鞋的样式是平底圆形鞋尖，一般鞋底长 15~18 厘米，多数绣工粗糙，颜色也不协调。

图 9-12 所示高筒小脚鞋主要是为了把脚隐藏起来，即便是脚后根露在鞋的外面也绝对没人能看见。因为过去的女人是不能让外人看见脚的，高筒的部分和鞋帮一样也是带有竹片的硬壳，连接处也很牢固，应该是为了把鞋和高筒连成一体，有较好的稳定作用。

图 9-13、图 9-14 所示的小脚鞋尺寸很小，一般只有 10 厘米左右，主要流行于山西地区。绣工和做工都很精致，鞋底的高跟是木制的，用棉布或绸缎把木跟包好，和鞋底纳在一起。

图 9-12 红色高跟高筒小脚鞋　　　　　　　图 9-13 红色高跟高筒小脚鞋

图 9-15 这种高跟的设计很美，完全可以踮起脚跟，而且还有使用过的印迹。为了把脚后跟包住，后边加了一块布，两边缀了带子，这样可以缠在脚腕上。

图 9-16 这种鞋尖向上卷的小鞋主要流行在川陕等地。鞋帮比较高，鞋帮后部里面夹有竹子劈成的窄竹板，缝制在鞋帮里面，下半部分是有刺绣工艺的绸缎，鞋帮的上面部分用的则是用棉布或绒布。

图 9-17 这种鞋尖上卷厚底矮帮鞋同样流行在川陕等地。鞋底是用多层棉布纳成的，多数刺绣工艺较少，鞋尖向上卷的形式是沿袭古代的款式风格。

图 9-18 所示鞋跟是配平底小脚鞋用的，高跟和鞋可以分开，想用高跟时就把跟系在鞋上，不想穿高跟鞋时就把跟解下来，变成了一双平底鞋。这说明清代的鞋业就有多功能的理念，但这种方式应该并不实用，用两个扣来固定后跟，承受全身的压力时很难做到重心不倾斜。

清代黄色在很多领域严格禁用，但在服饰上有"十从十不从"的说法，汉族女性服饰颜色亦不在清代典章之列。所以有些汉族女性的服装及配饰可以使用黄色，如马面裙等，这种黄色小脚鞋也是很好的历史佐证（图 9-19）。

图 9-20 这种款式比较实用，尺寸稍大，鞋帮比较高，跟相对低。这双小脚鞋的底前后都钉了皮掌，也有钉铜掌的。

图 9-21 这种软底软帮鞋，穿着比较舒适，是在室内穿用的。因为很小就缠足，缠好了的脚松开后害怕再长，所以平时在室内或炕上都要穿稍紧一点的软鞋，有人睡觉都穿着。

图 9-14 粉色缎地盘金绣高跟小脚鞋　　　　图 9-15 粉红色缎地盘金绣高跟小脚鞋

图 9-16 平底卷尖象鼻形小脚鞋

图 9-17 黑色厚底平跟小脚鞋

（a）红色缎绣鞋跟

（b）白色缎绣鞋跟

图 9-18 绣鞋跟两件

图 9-19 黄色缎地刺绣小脚鞋

图 9-20 红色缎地刺绣小脚鞋

图 9-21 黑色缎地刺绣软底小脚鞋

（四）官靴

清代官员男鞋没有具体法规，官员和百姓都可以穿用，在习惯上一般正式场合多数穿高筒的靴子，民间也有厚底官靴的说法。现刊载两双清代高筒靴，因为是传世实物，可做参考之用（图9-22~图9-24）。

（a）侧视图

（b）底视图

图 9-22 黑色缎地官靴

图 9-23 黑色缎地厚底官靴，底厚 3 厘米　　　　　　图 9-24 皮革质硬胎官靴

二、冠制、官帽

清代官帽称为冠，是分辨官职级别最为重要的部分之一，也就是人们熟悉的所谓顶戴花翎。每个级别的款式大体相同，但所用的材质和纹样都有变化（图 9-25～图 9-42）。不同场合穿戴不同的官帽，分朝服冠、吉服冠、常服冠和雨冠四类。另外又分冬、夏、雨三种。这里根据《大清会典》《皇朝礼器图式》等历史资料，加以改编汇总。开始费了很大精力，力图全部翻译成白话，即将完工时，感觉缺乏历史韵味，对历史的传承也会有影响。最终决定在不影响内容的基础上，把过于重复和繁琐的部分省略，并对文字稍加改编，形成以下形式。此外，笔者收藏有一些未列入"典籍"的常服冠和帽盒等配件，在清代甚为常见，一并列举图片，相信对了解清代的冠服制度以及当时的社会结构会有所帮助。

朱纬，一种丝质材料，朝冠上的朱纬即红色的丝。

砗磲，佛教七宝之一，是海洋中最大的双壳贝类。

翟，长尾山雉（野鸡），古代乐舞用的雉羽。

（一）皇室

皇帝冬冠：从九月十五或二十五，皇帝冬冠表面用熏貂，十一月溯至上元用黑狐，上缀朱纬顶三层，贯东珠各一，皆承以金龙各四，饰东珠如其数，上衔大珍珠一。

皇帝夏冠：从三月十五或二十五，皇帝夏冠织玉草或藤丝竹丝为之，缘石青片金二层，裹用红片金或红纱，上缀朱纬，前缀金佛，饰东珠十五，后缀舍林，饰东珠七，顶如朝冠（图 9-25）。

(a) 正面   (b) 帽顶

图 9-25 清高宗夏朝冠（台北故宫博物院藏）

皇帝冬吉服冠：御用之期与朝官相同、海龙为之，立冬后用薰貂或紫貂各惟其时，上缀朱纬顶，满花金座，上衔大珍珠一。

皇帝夏吉服冠：御用之期与朝冠相同、织玉草或藤丝竹丝为之，红纱绸为里、石青片金缘，上缀朱纬，顶如冬吉服冠。

皇帝冬常服冠：御用之期与朝冠相同、红绒结顶、其他和冬吉服冠相同。

乾隆十六年，清政府出台了雨服法制，皇帝雨服根据不同季节规定了六种。

（1）皇帝雨冠一：以毡为之，明黄色，月白缎里，顶崇而前檐深，蓝布带，冬冠时遇雪则加于冠上。

（2）皇帝雨冠二：羽缎为之，明黄色，如雨冠一之制。

（3）皇帝雨冠三：油防为之，明黄色，不加里，余俱如雨冠一之制。

（4）皇帝雨冠四：以毡为之，明黄色，月白缎里，顶平而前檐敞，蓝布带，御夏冠时遇雨则加于冠。

（5）皇帝雨冠五：羽缎为之，明黄色，如雨冠四之制。

（6）皇帝雨冠六：油防为之，明黄色，不加里，余俱如雨冠四之制。

皇太子冬朝冠：薰貂为之，十一月溯至上元（正月十五元宵节）用黑虎，上缀朱纬，顶金龙三层，饰东珠十三，上衔大东珠一。

皇太子夏朝冠：用织玉草或藤丝竹为之，石青片金缘二层，里用红片金或红纱，上缀朱纬，前缀金佛，饰东珠十三，后缀舍林，饰东珠六，顶如冬朝冠。

皇太子夏吉服冠：用织玉草或藤丝竹为之，红纱绸为里，石青片金缘，上缀冬珠，顶如冬吉服冠，皇子同。

皇太子冬吉服冠：海龙、紫貂、薰貂惟其时，上缀朱纬，红绒结顶，皇子同。

皇太子至宗室雨冠：用红色毡及羽纱、油防惟其时，蓝布带。

皇子冬朝冠：薰貂为之，十一月到上元用青狐，顶金龙二层，饰东珠十，上衔红宝石，下至亲王、武一品，冠制都相同。

皇子夏朝冠：用织玉草或藤丝竹为之，石青片金缘二层，里用红片金或红纱，上缀朱纬，前缀舍林，饰东珠五，后缀金花，饰东珠四，顶如冬朝冠。亲王同，其冠制下达庶官皆如之。

世子冬朝冠：顶金龙二层，饰东珠九，上衔红宝石。

世子夏朝冠：前缀舍林，饰东珠五，后缀金花，饰东珠四，顶和冬朝冠相同。

图 9-26 常服冠　　　　　　　　　　　图 9-27 常服冠

(a) 顶视图　　　　　　　　　(b) 侧视图

图 9-28 常服帽

（二）亲王、郡王及以下

1. 亲王

亲王冬朝冠、夏朝冠都和皇子相同。

亲王冬吉服冠：海龙、薰貂、紫貂惟其时，顶用红宝石。赏赐红绒顶者可用之，世子以下至贝勒相同。

亲王夏吉服冠：织玉草或藤丝竹为之，红纱绸为里，石青片金缘，顶如冬吉服冠，世子以下至贝勒相同。

2. 郡王

郡王冬朝冠：顶金龙二层，饰东珠八，上衔红宝石。

郡王夏朝冠：前缀舍林，饰东珠四，后缀金花，饰东珠三，顶如冬朝冠。

3. 贝勒、贝子

贝勒冬朝冠：顶金龙二层，饰东珠七，上衔红宝石。

贝勒夏朝冠：前缀舍林，饰东珠三，后缀金花，饰东珠二，顶如冬朝冠。

贝子冬朝冠：顶金龙二层，饰东珠六，上衔红宝石，戴三眼孔雀翎，固伦额驸同。

贝子夏朝冠：前缀舍林，饰东珠二，后缀金花，饰东珠一，顶及孔雀翎俱如冬朝冠，固伦额驸同。

4. 固伦额驸、和硕额驸

固伦额驸冬吉服冠：顶用珊瑚，戴三眼孔雀翎。

固伦额驸夏吉服冠：和冬吉服冠相同。

和硕额驸冬吉服冠：顶用珊瑚，戴双眼孔雀翎。

和硕额驸夏吉服冠：顶及孔雀翎俱如冬吉服冠。

5. 镇国公、辅国公、民公

镇国公冬朝冠：顶金龙二层，饰东珠五，上衔红宝石，戴双眼孔雀翎，和硕额驸同。

镇国公夏朝冠：前缀舍林，饰东珠一，后缀金花，饰绿松石一，顶及孔雀翎如冬朝冠，和硕额驸同。

镇国公冬吉服冠：入八分的顶用红宝石，未入八分的顶用珊瑚，戴双眼孔雀翎，辅国公同。

镇国公夏吉服冠：和冬吉服冠相同。

辅国公冬朝冠：顶金龙二层，饰东珠四，上衔红宝石，戴双眼孔雀翎。

辅国公夏朝冠：前缀舍林，后缀金花，饰与镇国公同，顶及孔雀翎俱如冬朝冠。

民公冬朝冠：顶镂花金座，中饰东珠四，上衔红宝石。

民公夏朝冠：顶如冬朝冠。

民公冬吉服冠：顶用珊瑚，侯、伯、文武一品、镇国将军、郡主额驸同。

民公夏吉服冠：和冬吉服冠相同。

6. 侯、伯

侯冬朝冠：顶镂花金座，中饰东珠三，上衔红宝石。

侯夏朝冠：顶如冬朝冠。

伯冬朝冠：顶镂花金座，中饰东珠二，上衔红宝石。

伯夏朝冠：顶如冬朝冠。

7. 侍卫冠制

一等侍卫冬朝冠、夏朝冠、冬吉服冠、夏吉服冠：顶如文三品，戴孔雀翎。

二等侍卫冬朝冠、夏朝冠、冬吉服冠、夏吉服冠：顶如文四品，戴孔雀翎。

三等侍卫冬朝冠、夏朝冠、冬吉服冠、夏吉服冠：顶如文五品，戴孔雀翎。

蓝翎侍卫冬夏朝冠、吉服冠：顶如文六品，戴蓝翎。

图 9-29 侍卫冬朝冠　　　　　　　　　　　图 9-30 侍卫夏朝冠

（三）职官

文一品冬朝冠：顶镂花金座，中饰东珠一，上衔红宝石，武一品、镇国将军、郡主额驸子皆同。

文一品夏朝冠：顶如冬朝冠，武一品、镇国将军、郡主额驸子皆同。

文二品冬朝冠：薰貂为之，十一月朔至上元用貂尾，顶镂花金座，中饰小红宝石一，上衔镂花珊瑚，武二品、辅国将军、县主额驸男皆同。

文二品夏朝冠：顶如冬朝冠，武二品、辅国将军、县主额驸男皆同。

文二品冬吉服冠：顶镂花珊瑚，武二品、辅国将军、县主额驸男皆同。

文二品夏吉服冠：顶如冬吉服冠，武一品、辅国将军、县主额驸男皆同。

文三品冬朝冠：薰貂为之，十一月朔至上元用貂尾，顶镂花金座，中饰小红宝石一，上衔蓝宝石，其冠制下达未入流皆如之。

文三品夏朝冠：顶如冬朝冠，武三品、奉国将军、郡君额驸皆同。

文三品冬吉服冠：顶用蓝宝石，武三品、奉国将军、郡君额驸皆同。

文三品夏吉服冠：顶如冬吉服冠，武三品、奉国将军、郡君额驸皆同。

文四品冬朝冠：顶镂花金座，中饰小蓝宝石一，上衔青金石，武四品、奉恩将军、县君额驸皆同。

文四品夏朝冠：顶如冬朝冠，武四品、奉恩将军、县君额驸皆同。

文四品冬吉服冠：顶用青金石，武四品、奉恩将军、县君额驸皆同。

文四品夏吉服冠：顶如冬吉服冠，武四品、奉恩将军、县君额驸皆同。

图 9-31 职官冬朝冠　　　　　　　图 9-32 职官冬朝冠

文五品冬朝冠：顶镂花金座，中饰小蓝宝石一，上衔水晶，武五品、乡君额驸皆同。

文五品夏朝冠：顶如冬朝冠，武五品、乡君额驸皆同。

文五品冬吉服冠：顶用水晶，武五品、乡君额驸皆同。

文五品夏吉服冠：顶如冬吉服冠，武五品、乡君额驸皆同。

图 9-33 五品冬朝冠、帽盒一套
（中国台湾高雄叶世鸿收藏）

(a) 侧视图　　　　　　(b) 底视图
图 9-34 五品冬朝冠（中国台湾高雄叶世鸿收藏）

文六品冬朝冠：顶镂花金座，中饰小蓝宝石一，上衔砗磲，武六品同。

文六品夏朝冠：顶如冬朝冠，武六品同。

文六品冬吉服冠：顶用砗磲，武六品同。

文六品夏吉服冠：顶如冬吉服冠，武六品同。

文七品冬朝冠：顶镂花金座，中饰小水晶一，上衔素金，武七品同。

文七品夏朝冠：顶如冬朝冠，武七品同。

文七品冬吉服冠：顶用素金，武七品、进士皆同。

文七品夏吉服冠：顶如冬吉服冠，武七品、进士皆同。

文八品冬朝冠：顶镂花金座，上衔花金，武八品同。

文八品夏朝冠：顶如冬朝冠，武八品同。

文八品冬吉服冠：顶用花金，武八品同。

文八品夏吉服冠：顶如冬吉服冠、武八品同。

文九品冬朝冠：顶镂花金座，上衔花银，武九品、未入流皆同。

文九品夏朝冠：顶如冬朝冠，武九品、未入流皆同。

文九品冬吉服冠：顶用花银，武九品、未入流皆同。

文九品夏吉服冠：顶如冬吉服冠，武九品、未入流皆同。

从耕农官冠：青绒为之，顶同八品。

职官雨冠一：谨按乾隆三十二年钦定，用红色毡及羽纱油防惟其时，蓝布带，民公侯伯子男、一品至三品文武官、御前侍卫、乾清门侍卫、上书房翰林、南书房翰林、奏事处批本处行走人员皆用之。

职官雨冠二：谨按乾隆三十二年钦定，红色，前加缘二寸五分，后五寸青色，余俱如雨冠一之制，四品至六品文武官皆用之。

职官雨冠三：谨按乾隆三十二年钦定，青色前加缘二寸五分，后五寸红色，余俱如雨冠，七品至九品文武官凡有顶带人员以上皆用之。

军民雨冠：用青色毡及油防惟其时，蓝布带。

（四）乐、卤、祭部、生员、举人、进士

乐部乐生冬冠：骚鼠为之，顶镂花铜座，上植明黄翎。

乐部乐生夏冠：顶如冬冠，卤簿舆士同。

卤簿冬冠：豹皮为之，顶镂花铜座，上植明黄翎。卤簿校尉冬冠、校尉夏冠同。

祭祀文舞生冬冠：骚鼠为之，顶镂花铜座，中饰方铜镂葵花，上衔铜三角如火珠形。

祭祀文舞生夏冠：顶如冬冠。

祭祀武舞生冬冠：顶上衔铜三棱如古防形，余俱如文舞生冬冠之制。

祭祀武舞生夏冠：顶如冬冠。

生员冬公服冠：顶镂花银座，上衔银雀。

生员夏公服冠：顶如冬公服冠。

举人冬公服冠：顶镂花银座，上衔金雀，贡生监生皆同。

举人夏公服冠：顶如冬公服冠，贡生监生皆同。

举人冬吉服冠：顶银座，上衔素金。

举人夏吉服冠：顶如冬吉服冠。

进士冬朝冠：顶镂花金座、上衔金三枝九叶。

进士夏朝冠：顶如冬朝冠。

贡生冬吉服冠：顶银座、上衔花金。

贡生夏吉服冠：顶如冬吉服冠。

监生冬吉服冠：顶用素银、生员同。

监生夏吉服冠：顶如冬吉服冠、生员同。

卤簿舆士冬冠一：豹皮为之，顶镂花铜座、上植明黄翎。

卤簿舆士冬冠二：黑毡为之，顶如冬冠一之制。

卤簿校尉冬冠一：豹皮为之，顶素铜座、上植明黄翎。

卤簿校尉冬冠二：黑毡为之，平檐，顶如冬冠一之制。

卤簿校尉夏冠：顶如冬冠。

图 9-35 冬冠　　　　　　　　　　　图 9-36 夏冠

三、宫廷女眷冠

皇太后、皇后冬朝冠：薰貂为之，上缀朱纬，顶三层，贯东珠各一，皆承以金凤，饰东珠各三，珍珠各十七，上衔大东珠一。朱纬上周缀金凤七，饰东珠各七，猫睛石各一，珍珠各二十一。后金翟一，饰猫睛石一，小珍珠十六，翟尾垂珠，五行二就，共珍珠三百有二，每行大珍珠一。中间金衔青金石结一，饰东珠、珍珠各六，末缀珊瑚。冠后防领垂明黄绦二，末缀宝石，青缎为带。

皇太后、皇后夏朝冠：青绒为之，余俱如冬朝冠。

皇贵妃冬朝冠：薰貂为之，上缀朱纬，顶三层，贯东珠各一，皆承以金凤，饰东珠各三，珍珠各十七，上衔大珍珠一，朱纬上周缀金凤七，饰东珠各九，珍珠各二十一。后金翟一，饰猫睛石一，珍珠十六，翟尾垂珠，三行二就，共珍珠一百九十二，中间金衔青金石结一，饰东珠、珍珠各四，末缀珊瑚，冠后防领垂明黄绦二，末缀宝石，青缎为带，皇太子妃同。

皇贵妃夏朝冠：青绒为之，余俱如冬朝冠，皇太子妃同。

贵妃冬朝冠：防领，垂金黄绦二，余俱如皇贵妃冬朝冠。

贵妃夏朝冠：防领，垂金黄绦二，余俱如皇贵妃夏朝冠。

妃冬朝冠：薰貂为之，上缀朱纬，顶二层，贯东珠各一，皆承以金凤，饰东珠共九，珍珠各十七，上衔猫睛石，朱纬上周缀金凤五，饰东珠各七，珍珠各二十一，后金翟一，饰猫睛石一，珍珠十六，翟尾垂珠三行，二就共珍珠一百八十八，中间金衔青金石结一，饰东珍珠各四，末缀珊瑚，冠后防领垂金黄绦二，末缀宝石，青缎为带。

妃夏朝冠：青绒为之，余俱如冬朝冠。

妃吉服冠：薰貂为之，上缀朱纬，顶用碧䃥玡，嫔、皇太子妃皆同。

嫔冬朝冠：薰貂为之，上缀朱纬，顶二层，贯东珠各一，皆承以金翟，饰东珠共九，珍珠各十七，上衔砢子，朱纬上周缀金翟五，饰东珠各五，珍珠各十九，后金翟一，饰珍珠十六，翟尾垂珠三行，二就共珍珠一百七十二，中间金衔青金石结一，饰东珠、珍珠各三，末缀珊瑚，冠后防领垂金黄绦二，末缀宝石，青缎为带。

嫔夏朝冠：青绒为之，余俱如冬朝冠。

皇子福晋冬朝冠：薰貂为之，上缀朱纬，顶镂金三层，饰东珠十，上衔红宝石，朱纬上周缀金孔雀五，饰东珠各七，小珍珠三十九，后金孔雀一，垂珠三行，二就中间金，衔青金石结一，饰东珠各三，末缀珊瑚，冠后防领垂金黄绦二，末亦缀珊瑚，青缎为带，亲王福晋、固伦公主皆同。

皇子福晋夏朝冠：青绒为之，余俱如冬朝冠，亲王福晋、固伦公主皆同。

皇子福晋吉服冠：薰貂为之，顶用红宝石，下至辅国公夫人、乡君皆同。

世子福晋冬朝冠：薰貂为之，上缀朱纬，顶镂金二层，饰东珠九，上衔红宝石，朱纬上周缀金孔雀五，东珠各六，后金孔雀一，垂珠三行，二就中间金，衔青金石结一，饰东珠各三，末缀珊瑚，冠后防领，垂金黄绦二，末亦缀珊瑚，青缎为带，和硕公主同。

世子福晋夏朝冠：青绒为之，余俱如冬朝冠，和硕公主同。

郡王福晋冬朝冠：薰貂为之，上缀朱纬，顶镂金二层，饰东珠八，上衔红宝石，朱纬上周缀金孔雀五，饰东珠各五，后金孔雀一，垂珠三行，三就中间金，衔青金石结一，末缀珊瑚，冠后防领，垂金黄绦二，末亦缀珊瑚，青缎为带，郡主同。

郡王福晋夏朝冠：青绒为之，余俱如冬朝冠，郡主同。

贝勒夫人冬朝冠：薰貂为之，上缀朱纬，顶镂金二层，饰东珠七，上衔红

图 9-37 皇后、皇贵妃冬朝冠　　　　　　　　图 9-38 女朝冠
（台北故宫博物院藏品）

宝石，朱纬上周缀金孔雀五，饰东珠各三，后金孔雀一，垂珠三行，二就中间金，衔青金石结一，末缀珊瑚，冠后防领，垂石青绦二，末亦缀珊瑚，青缎为带，县主同。

　　贝勒夫人夏朝冠：青绒为之，余俱如冬朝冠，县主同。

　　贝子夫人冬朝冠：薰貂为之，上缀朱纬，顶镂金二层，饰东珠六，上衔红宝石，朱纬上周缀金孔雀五，饰东珠各三，后金孔雀一，垂珠三行，二就中间金，衔青金石结一，末缀珊瑚，冠后防领垂石青绦二，末亦缀珊瑚，青缎为带，郡君同。

　　贝子夫人夏朝冠：青绒为之，余俱如冬朝冠，郡君同。

　　镇国公夫人冬朝冠：薰貂为之，上缀朱纬，顶镂金二层，饰东珠五，上衔红宝石，朱纬上周缀金孔雀五，饰东珠各三，后金孔雀一，垂珠三行，二就中间金，衔青金石结一，末缀珊瑚，冠后防领，垂石青绦二，末亦缀珊瑚，青缎为带，县君同。

　　镇国公夫人夏朝冠：青绒为之，余俱如冬朝冠，县君同。

　　辅国公夫人冬朝冠：薰貂为之，上缀朱纬，顶镂金二层，饰东珠四，上衔红宝石，朱纬上周缀金孔雀五，饰东珠各三，后金孔雀一，垂珠三行，三就中间金，衔青金石结一，末缀珊瑚，冠后防领，垂石青绦二，末亦缀珊瑚，青缎为带，镇国公女、乡君同。

　　辅国公夫人夏朝冠：青绒为之，余俱如冬朝冠，镇国公女、乡君同。

　　辅国公女、乡君冬朝冠：薰貂为之，上缀朱纬，顶镂金二层，饰东珠三，上衔红宝石，余俱如辅国公夫人冬朝冠。

民公夫人冬朝冠：薰貂为之，上缀朱纬，顶镂花金座，中饰东珠四，上衔红宝石，前缀金簪三，饰以珠宝，防领绦用石青色，其冠、簪、及绦色，以下达命妇俱如之。

民公夫人夏朝冠：青绒为之，余俱如冬朝冠，其冠制以下达命妇俱如之。

民公夫人吉服冠：薰貂为之，顶用珊瑚，侯伯夫人、一品命妇、镇国将军夫人、子夫人皆同，其冠制以下达命妇俱如之。

侯夫人冬朝冠：顶镂花金座，中饰东珠三，上衔红宝石。

侯夫人夏朝冠：顶饰俱如冬朝冠。

伯夫人冬朝冠：顶镂花金座，中饰东珠二，上衔红宝石。

伯夫人夏朝冠：顶饰俱如冬朝冠。

一品命妇冬朝冠：顶镂花金座，中饰东珠一，上衔红宝石，镇国将军夫人、子夫人皆同。

一品命妇夏朝冠：顶饰俱如冬朝冠，镇国将军夫人、子夫人皆同。

二品命妇冬朝冠：顶镂花金座，中饰红宝石一，上衔镂花珊瑚，辅国将军夫人、男夫人皆同。

二品命妇夏朝冠：顶饰俱如冬朝冠，辅国将军夫人、男夫人皆同。

二品命妇吉服冠：顶镂花珊瑚，辅国将军夫人、男夫人皆同。

三品命妇冬朝冠：顶镂花金座，中饰红宝石一，上衔蓝宝石，奉国将军夫人同。

三品命妇夏朝冠：顶饰俱如冬朝冠，奉国将军夫人同。

三品命妇吉服冠：顶用蓝宝石，奉国将军夫人同。

四品命妇冬朝冠：顶镂花金座，中饰小蓝宝石一，上衔青金石，奉恩将军夫人同。

四品命妇夏朝冠：顶饰俱如冬朝冠，奉恩将军夫人同。

四品命妇吉服冠：顶用青金石，奉恩将军夫人同。

五品命妇冬朝冠：顶镂花金座，中饰小蓝宝石一，上衔水晶。

五品命妇夏朝冠：顶饰俱如冬朝冠。

五品命妇吉服冠：顶用水晶。

六品命妇冬朝冠：顶镂花金座，中饰小蓝宝石一，上衔砗磲。

六品命妇夏朝冠：顶饰俱如冬朝冠。

六品命妇吉服冠：顶用砗磲。

七品命妇冬朝冠：顶镂花金座，中饰小水晶一，上衔素金。

七品命妇夏朝冠：顶饰俱如冬朝冠。

七品命妇吉服冠：顶用素金。

(a) 全图   (b) 打开图   (c) 底视图

图 9-39 双层帽盒
可以放冬朝冠和夏朝冠、中间的小圆盒还可以放朝珠

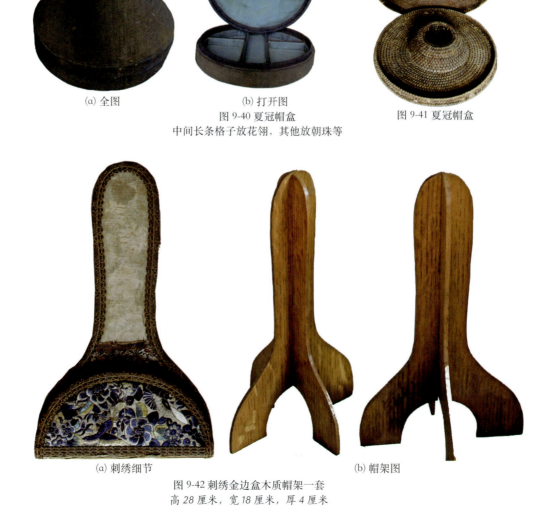

(a) 全图   (b) 打开图

图 9-40 夏冠帽盒   图 9-41 夏冠帽盒
中间长条格子放花翎、其他放朝珠等

(a) 刺绣细节   (b) 帽架图

图 9-42 刺绣金边盒木质帽架一套
高 28 厘米，宽 18 厘米，厚 4 厘米

后记

　　在不经意间接触了织绣品，这个行当养活了我的家，也成就了我和夫人，故此，对于这个行当的热爱无语言表，它也将会陪伴笔者的一生。

　　历史给了我这样的机会，能够用大半辈子的时光并疯狂地热爱织绣事业，这种热爱就像热爱自己的孩子，既有关心爱护，也有管理的责任。当看到它受到伤害的时候，真的非常痛心。前几年某个绣画研讨会邀请了十几名著名专家教授，本来是想去现场大开眼界，结果发现只有二十多个粗略的现代仿品，笔者痛心疾首，无法接受这种对织绣历史的歪曲。我疯狂地告诉所有认识的业内人士，只要有机会，至今仍然见人就讲，熟人的厌烦和自己的无奈正像鲁迅笔下的祥林嫂，其实几十年的经历，类似现象很多。

　　自己的写作过程总结起来应该分两个阶段，第一阶段，好像井底之蛙，在自己狭隘的天地里，尽管无知（无知者无畏，却自笔者感觉良好），但相对纯洁。第二阶段，经过努力，终于慢慢从井里爬了上来，才知道天地很大，自己如此渺小，同时也很快感觉到繁杂。当然，回顾自己，应该无愧于明清的织绣业，一是填补遗憾，二是出于喜爱。由于写作基础不太好，我写的书肯定不是最好的，但十几年来所花费的心血应不逊于同行，面对那么多的困难我和夫人却甘之如饴。

　　感谢在这过程中文化界、收藏界给予的帮助，也感谢国内外同行的支持和鼓励。

　　（本书中有几张图片是引用其他书刊的，部分已注明，在此表示衷心感谢）